爱上科学
Science

天文星座观测

全天88星座漫游指南

[英] Giles Sparrow 著

孙媛媛 译

苟利军 审

人民邮电出版社

北京

目录

星座的起源 004

如何使用星图 006

地球之境 008

所见的天空 009

四季 010

天球 012

星座的创立 014

规划星空 016

小熊座 018

天龙座 020

仙王座 022

鹿豹座 024

仙后座 026

御夫座和天猫座 028

　御夫座和天猫座深处 030

大熊座 032

　大熊座内部 034

　大熊座内部：雪茄星系M82 036

猎犬座 038

　猎犬座M51星系 040

牧夫座 042

北冕座 044

武仙座 046

天琴座 048

狐狸座和天箭座 050

天鹅座 052

　天鹅座深处 054

　北美洲星云NGC 7000 056

仙女座和蝎虎座 058

　仙女座大星系M31 060

英仙座 062

　英仙座深处 064

双鱼座 066

白羊座和三角座 068

　三角座深处 070

金牛座 072

金牛座深处 074

　金牛座　蟹状星云M1 076

双子座 078

巨蟹座 080

狮子座和小狮座 082

　狮子座深处 084

后发座 086

　后发座深处 088

室女座 090

　室女座星系团 092

　室女座　草帽星系M104 094

天秤座 096

巨蛇座 098

　巨蛇座深处 100

　巨蛇座　鹰状星云M16 102

蛇夫座 104

　蛇夫座深处 106

天鹰座和盾牌座 108

海豚座和小马座 110

飞马座 112

宝瓶座 114

　宝瓶座　螺旋星云NGC 7293 116

鲸鱼座 118

猎户座 120

　猎户座深处 122

　猎户大星云 124

麒麟座和小犬座 126

　麒麟座深处 128

大犬座 130

　大犬座深处 132

长蛇座 134

　长蛇座深处 136

乌鸦座、巨爵座和六分仪座 138

半人马座 140

　半人马座　星系NGC 5128 142

　半人马座　欧米伽星系NGC 5139 144

豺狼座 146

天蝎座 148

  天蝎座深处 150

人马座 152

  人马座深处 154

  人马座银河系中心 156

摩羯座 158

南鱼座和显微镜座 160

玉夫座和天炉座 162

  玉夫座和天炉座深处 164

波江座 166

天兔座 168

雕具座和天鸽座 170

船尾座 172

唧筒座和罗盘座 174

船帆座 176

  船帆座深处 178

船底座 180

  船底座深处 182

船底座大星云 NGC 3372 184

南十字座 186

苍蝇座 188

圆规座和南三角座 190

矩尺座和天坛座 192

南冕座和望远镜座 194

孔雀座 196

天鹤座和凤凰座 198

杜鹃座和印第安座 200

  杜鹃座 47　杜鹃座 NGC 104 202

  杜鹃座　小麦哲伦云 204

时钟座和网罟座 206

绘架座和剑鱼座 208

  大麦哲伦云 210

山案座和飞鱼座 212

蝘蜓座和天燕座 214

水蛇座和南极座 216

词汇表 218

致谢 221

星座的起源

我们的地球被宇宙空间所围绕，在每个方向都绵延几十亿光年。无论我们在哪里仰望，恒星、气体尘埃、星系……都是随意地散落在夜空。几千年来，先辈们创立的星座概念，在帮助我们理解那些看似杂乱无序的繁星时，起到了至关重要的作用。

如今我们熟知的88个星座的体系，其实早在史前就已经存在：迄今发现的最早的金牛座记录，是在1.7万年前法国拉斯科史前石窟的岩画中。第一份星座列表来自4 000多年前的美索不达米亚。

或许，最早确认的星座是那些黄道星座——十二个被赋予了特殊重要性的恒星图案，因为它们分布于太阳每年在天空中运行路线的附近。"黄道"一词源自希腊短语"动物圈"，实际上十二星座中除了一个之外，其他都代表一种生物。这个例外就是天秤座，它原来是近邻天蝎座的一部分。十二星座按部就班地接待太阳周而复始的光临，此外还有太阳系各大行星的到访——早在公元前的第一个千年里，这些在黄道漫游的天体就以其特有的魔幻魅力，与所谓的占星术结下不解之缘。不过别忘了，因为地球自转轴的倾斜，经年累月，太阳如今在星空中穿行的轨道已经发生了改变，早已不是那条古老的黄道了。

历史上，尽管不同的国家和文化在星的认知过程中不断发生着变化，然而很多有关星座的知识依旧在各地流传。当今的天文学家还是在希腊-埃及天文、地理学家托勒密的成果基础上，创立了一套标准的星座体系。公元150年左右，托勒密汇总出版了经典巨著《天文学大成》。托勒密的48个星座中，包括了传统的黄道星座和赤道以北所能观测到的星座——这套体系随之延续使用了1 400多年。

直到16世纪，欧洲探险家们在航海过程中，发现了遥远的南半球星空，带回了它们的详细资料。之后，天文学家迅速将这些新发现引入星表中，并且更新修正了之前的北半球星座信息。1600年前后，荷兰航海家彼得·德克森·凯泽和弗雷德里克·德·豪特曼把十多个南半球星座添加到星表中。不过，最大的一个空缺是由法国天文学家拉卡耶填补的，他在对南部天空进行巡天之后新增了14个星座，集结成书并于1763年出版。

最终，在1922年到1930年间，国际天文学联合会推出了一套包含88个星座的标准体系，每一个都有正式的定义和明确的天区划分，而非只是由一组恒星构成。由此，88个星座覆盖了天球的全部范围，每一颗星体都有各自的星座归属。

每个星座中，天文学家还将其中的每颗星以不同的方式进行排序。一般来说，对于最亮的几颗恒星根据德国天文学家拜尔于1603年推出的体系，利用希腊字母顺序代表恒星的亮度。而较暗的恒星按照"弗兰斯蒂德星号"排序（由英国天文学家约翰·弗兰斯蒂德在18世纪初创立），其他非常规恒星和天体（时常统称为深空天体）则遵从另外的命名规则，用数字或字母标注。

恒星的亮度现在以"视亮度"来衡量，一个恒星看起来越亮，视亮度数字将越小。这个命名规则是古希腊时期创立的，在19世纪被正式采纳：恒星之间的星等相差1，二者之间的亮度相差2.5倍。最亮的恒星星等是负数，肉眼可见的最暗星等是6.0等。本书的星图中，恒星的大小表示它们的明亮程度——更多星图的解释在其背面。

本书的内容旨在对全天星座和夜空进行全方位解说。

前面的文字部分主要包括地球所处的环境如何影响我们看待宇宙的视角，以及天文学家如何认知星座系统。继而，将引领读者漫游88个星座，逐一认识其中的亮星，以及肉眼、双筒望远镜和其他类型望远镜的观测指导和攻略。

认识星座是人类研究天文学最早的方法之一，现在仍然是有效的了解宇宙的途径。当今，作为一名爱好者，熟知全天星座和其中的亮星、深空天体仍然是一项很重要的技能。了解星座之后，本书或许能为你打开一扇通向宇宙的大门。

如何使用星图

本书星图中标注的恒星有大有小，表示星星各自的亮度不同。而所用的颜色代表实际观测到的颜色，源自它们表面温度的高低。

恒星的明暗程度通常用星等来表示，这个规则是英国天文学家波格森早在1850年确立的。根据这种星等体系，星等数越小，说明恒星越亮。下图是本书所有星图的图例，第一行列出的就是星图中星点大小与星等的对应关系。

图例的第二行是非恒星类的"深空天体"，都用特殊的符号表示。一般来说，星图中所列出的恒星在黑暗的环境中都可以用肉眼观测到，而大部分深空天体则需要利用双筒望远镜或者小型望远镜观测。

图例说明			星等			
亮于0等	亮于1等	亮于2等	亮于3等	亮于4等	亮于5等	亮于6等

深空天体

球状星团	行星状星云	疏散星团	弥散星云	旋涡星系	椭圆星系	不规则星系	其他天体目标

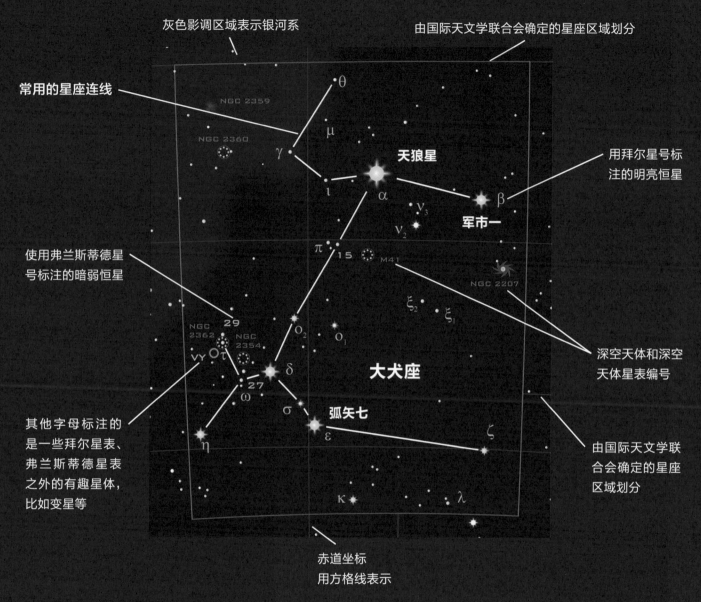

灰色影调区域表示银河系

由国际天文学联合会确定的星座区域划分

常用的星座连线

用拜尔星号标
注的明亮恒星

使用弗兰斯蒂德星
号标注的暗弱恒星

深空天体和深空
天体星表编号

其他字母标注的
是一些拜尔星表、
弗兰斯蒂德星表
之外的有趣星体，
比如变星等

由国际天文学联
合会确定的星座
区域划分

赤道坐标
用方格线表示

天狼星

军市一

大犬座

弧矢七

θ

μ

γ

ι

α

ν₃

ν₂

β

π

15

M41

NGC 2207

ξ₂

ξ₁

NGC 2359

NGC 2360

29

NGC
2362

NGC
2354

VY

τ

27

ω

O₂

O₁

δ

σ

ε

ζ

η

κ

λ

希腊字母

星图中，星座的亮星参照希腊拜尔星表体系用希腊
字母标出。由于历史谬误等原因，这个星表体系也有自相
矛盾之处，一些星使用了"错误"的字母标注。受到肉
眼观测所限，有些暗弱的恒星在某些特定星座中被标注成
"弗兰斯蒂德星号"。

α alpha	η eta	ν nu	τ tau
β beta	θ theta	ξ xi	υ upsilon
γ gamma	ι iota	ο omicron	φ phi
δ delta	κ kappa	π pi	χ chi
ε epsilon	λ lambda	ρ rho	ψ psi
ζ zeta	μ mu	σ sigma	ω omega

地球之境

古代天文学家认为，地球是宇宙的中心，是固定不动的，其他天体包括太阳、月球、行星和恒星都围绕其运转。乍看起来，这个说法好像理所当然。但事实上，宇宙与此大不相同。

最早的宇宙学理论出自古希腊。彼时，人们认为地球是静止不动的，太阳、月球、行星和其他恒星都围绕地球运转，并在宇宙空间中划出以地球为中心的完美同心圆。公元150年左右，天文学家托勒密将"地心论"进一步完善，这种以地球为核心的宇宙论模型在后续千年中未曾被质疑和改变。

时间的年轮走到1543年，尼古拉·哥白尼提出了"日心说"，指出地球只不过是众多围绕太阳运转的行星之一。1610年，哥白尼构建的宇宙图景被天文学家约翰尼斯·开普勒的工作和伽利略·伽利莱的早期天文观测结果进一步巩固。开普勒认识到，相对于那些完美的同心圆，行星的椭圆运行轨道能够更好地解决"日心说"的一些问题。

恒星就是如太阳一样的天体，只是距离我们如此之遥远，这种认知进一步削弱了地球是宇宙中心这一观点。19世纪以来，得力于大口径望远镜技术的发展，天文学家开始观测银河系范围的星体。今天，我们知道，太阳仅仅是银河系数千亿恒星中微不足道的一颗，而银河系本身也是宇宙空间中微不足道的一个星系而已。

即使以穿越时空最快的光速而言，面对巨大的宇宙与有限的速度，天文学天生就是一门大尺度意义上的观测科学。虽偏居宇宙一隅，天文学家却已经通过分析地球上接收到的星光，获得了大量的数据和成果。

这些研究揭示了恒星数十亿年的生命周期过程，它们诞生时的不同绚丽状态，以及它们死亡时遗留下来的神秘遗迹。另外，关于星系是如何保持自身结构，太阳系及其行星的形成过程，甚至宇宙起源和最终归宿等方面的研究，亦初现端倪。

然而，身在地球，首先需要认清地球如何影响了我们的宇宙观，才可窥知真正宇宙。

所见的天空

无论身处何地，我们基本上都能看得见大半个天空——其他部分位于我们的脚下，被地球遮挡了。至于具体看到的星空区域，则取决于地球转动及我们实际所处的位置。

　　如下面的三维图所示，地球上分别位于北极、中纬度和赤道的观测者，所看到的星空几乎是不一样的。由于地球的自转，中纬度和赤道地区的星空每天都会发生变化。

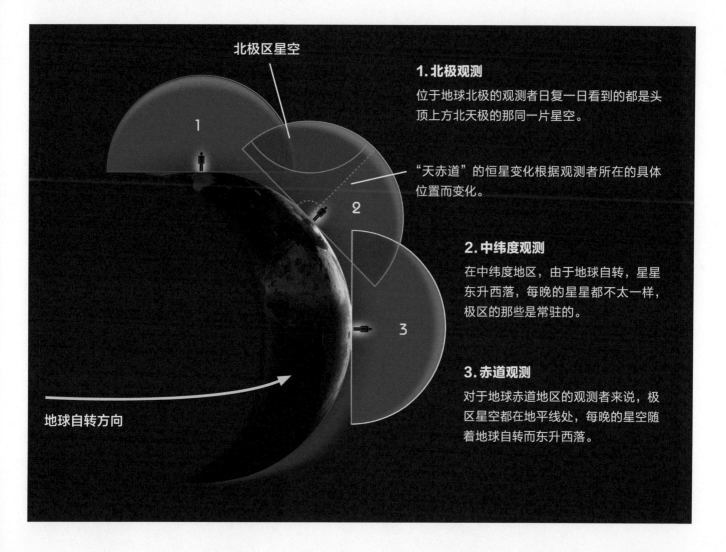

北极区星空

地球自转方向

1. 北极观测

位于地球北极的观测者日复一日看到的都是头顶上方北天极的那同一片星空。

"天赤道"的恒星变化根据观测者所在的具体位置而变化。

2. 中纬度观测

在中纬度地区，由于地球自转，星星东升西落，每晚的星星都不太一样，极区的那些是常驻的。

3. 赤道观测

对于地球赤道地区的观测者来说，极区星空都在地平线处，每晚的星空随着地球自转而东升西落。

四季

地球自转轴与太阳系轨道平面的倾斜是导致四季产生的直接原因，由此影响了每个白天与夜晚的长度不同，以及一年中夜空景象的差异。不仅如此，这个倾斜使得地球自转轴在天球上的指向，即天球的南北天极，也有着更长周期的变化。

地球每天围绕太阳运转，自转轴与公转平面有23.5度的夹角。自转轴一年自始至终指向天空的固定方向，而另一个半球则会在不同月份接收不等量的阳光（见下页图）。

六月，北半球夏至日之际，白天最长，北半球朝向太阳，享受到更多的阳光。相比其他月份，太阳轨迹在天空中更高。与此同时，南半球的白天最短，接收的阳光最少，太阳在天空的轨迹更低。六个月之后，北半球冬至日的时候，情况与此正好相反。二者之间的平衡点，是三月和九月的春分、秋分，此时，两个半球拥有同样多的阳光。

极昼

在赤道附近的热带地区，每年接收太阳照射的变化不大；而高纬度地区，季节变化非常极端。在北极圈和南极圈（北纬和南纬66.5度的纬线圈），会发生太阳夏至前后不落下、冬至前后不升起的现象，即所谓的极昼（极夜）。北极和南极点的极昼（极夜）会出现极端情况，夏季持续六个月的白天，冬季则是等长的寒冷黑夜。

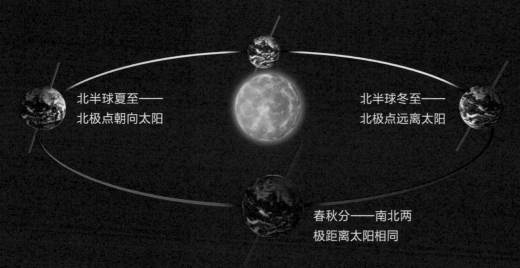

北半球夏至——
北极点朝向太阳

北半球冬至——
北极点远离太阳

春秋分——南北两
极距离太阳相同

四季变换

地球每年绕太阳运行一周，由于地球倾斜的自转轴导致每个地方一年中接受太阳照射量不同。每年夏、冬至之际，南北半球相差悬殊，而在春、秋分时，两个半球是同样的。

天北极的变化

地球自转轴

来自太阳的引力

来自月球的引力

岁差

虽然地球自转轴年复一年指向相同的方向，但是由于太阳和月球的引力，地球自转轴的方向会发生缓慢的变动。以大约25 800年为一个周期，地轴摇摆的顶部会在天球上划出一个圆圈，即岁差现象。正是由于岁差的原因，太阳的春、秋分点也会向西漂移。长期来看，天极点会发生变化，天赤道附近的星空也会慢慢随之发生变化（见第13页）。

天球

虽然与真实的宇宙大相径庭，我们还是简单地把星体和其他天体镶嵌在一个包围在地球之
外的假想的天球面上，以便进行天文系统的构建和测量。

天球是一个想象中的存在，把复杂的三维空间天体安置到一个球面上。现在我们知道地球每天自转、每年公转，而这种天球的想法源于古时候地球是静止不动的观念，当时人们认为地球的外面有个镶满恒星的球壳每天都在运转，太阳和其他行星缓慢地在上面移动。

正如下页图所示，天球围绕着天极（地球南北极点的延伸）转动，被天赤道分成南北两个半球。太阳在天球上运行的路径称为黄道，与天赤道有两个交叉点，分别是春分、秋分点。黄道是月亮和行星运行路径的中心线。而且，黄道穿过了传统意义上的黄道十二星座。

天球上的恒星

为了方便起见，我们暂时抹去了下页图中近侧天球上的星座。天极、天赤道分别与地球两极和赤道平行呼应，一道道纬度线与天球上的天赤道平行，一条条经度线连接了天球上的南北天极。黄道（太阳在天球上的运行路径）与天赤道有一个夹角，二者相交于两点。太阳从南天球穿向北天球所经过的点为春分点，位于黄道十二宫的第一宫——白羊宫，标识是 ♈，这个点便是赤经0度、赤纬0度。

坐标体系

与地球上的定位一样，测量天上的物体位置同样需要一套相应的体系。最简单的体系是利用观测者所在的真地平建立的地平坐标系统（见下页下方图示）。不过，因为地球自转的缘故，地平坐标系统随时都在发生着变化，因此需要一种与天球相对"固连"在一起的坐标系统，这就是赤道坐标，这种坐标更为实用。

NGC 3603

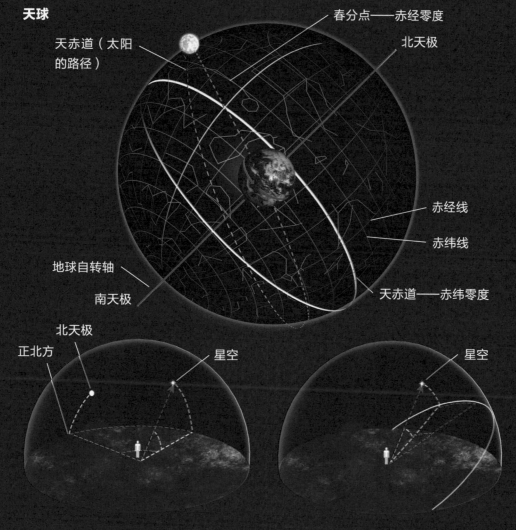

天球

天赤道（太阳的路径）

春分点——赤经零度

北天极

赤经线

赤纬线

天赤道——赤纬零度

地球自转轴

南天极

北天极

正北方

星空

星空

地平坐标

星体的位置（或者任何一个物体）需要测量它与地平线的角度（地平高度）和正北方向的顺时针差距（地平经度）。物体的地平位置取决于观测者所在的具体位置和观测时间。

1. 地平经度（与正北方的顺时针差距）

2. 地平高度（与地平线的角度）

赤道坐标

在这个体系中，星体的位置用赤纬（与天赤道向北或向南的夹角）和赤经（以小时、分、秒为单位，与零度赤经的春分点距离）两个参数来表述。

1. 赤纬（与天赤道的夹角）

2. 赤经（与春分点的距离）

3. 春分点

4. 天赤道

星座的创立

星座之始，人们只是将一些肉眼可见的亮星组合起来，作为识别夜空的简单图案。随着技术的发展，人们观测到的天体越来越多，星座的定义也随之发生了很大变化。

最早，人们把天上的亮星通过一个个简单的形状联系在一起。但是问题来了，如果有人不同意某种说法呢？临近的亮星超出了星座范围是否还要算作星座的一部分？后来发现的亮星怎么规划到星座中？等等。随着天文观测设备的不断发展，对天体的分类和划分也变得愈加复杂，几乎全部的亮星都有了独一无二的名字。然而，命名全天所有的恒星是不实际的。1603年，拜尔创立了一套命名法，利用希腊字母序列进行恒星命名（通常以其亮度为序）。

由此，天狼星——大犬座中最亮的星，它的名字就是大犬座Alpha（阿尔法）星。后来的星表尝试用恒星的亮度和位置编号，但每种命名法都有缺陷。实际上，现在使用的天体命名包括了几个不同的体系。

视错觉

星座的连线其实都是视觉上的错觉，同一个星座中的星体与地球的距离可能相差甚远。比如，组成仙后座"W"形的五颗星，距离地球依次是（自东向西）：442、99、550、229和54光年。从地球上看，星星的亮度叫作星等，星等的数值取决于它的实际亮度或光度，以及它到地球的距离（依据平方反比定律递减。换而言之，如果两颗同样亮度的恒星到地球的距离分别是10和20光年，那么二者实际光度则相差四倍）。

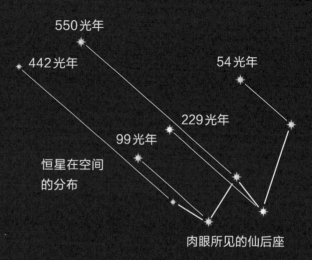

550光年
442光年
54光年
229光年
99光年
恒星在空间的分布

肉眼所见的仙后座

1

2

3

4

变化的星座

金牛座（图1）是全天很容易识别的星座之一，世界各国的文化中将其看成一头牛（图2）。在传统的星图中，人们把星座中的亮星连在一起（图3），并用希腊字母或数字标注。在IAU的官方体系中，星座体系是用分界线划分出来的一个个天区（图4），其中包含的任何内容都是星座的一个组成部分。

规划星空

天球可以分成六大部分——南北两极的拱极区以及根据天赤道划分的四个区域。各自的能见程度取决于观测者所在的位置和具体时间。

拱极星

本页和下页顶部的两个圆形表示极区附近的天区。对于两个半球的中纬度的观测者来说，那是长期可见的，但另一个半球同纬度的人却无法看到。

北天区

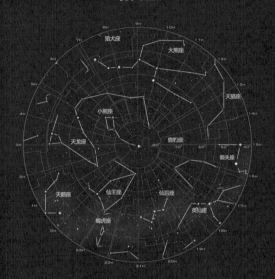

赤经零度

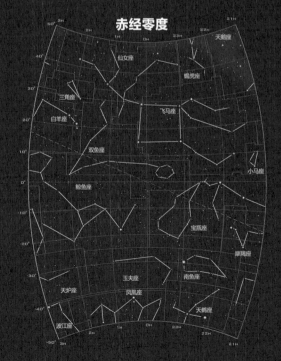

赤经18度

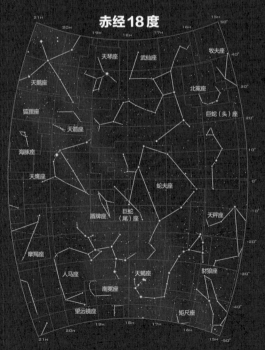

南天区

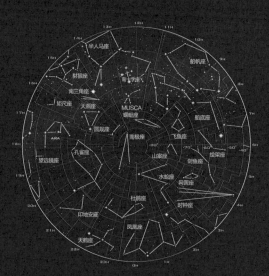

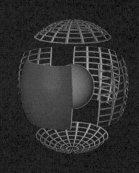

四季星空

四个底部的图，表示的是根据太阳所处的不同黄道位置，观测者所看到的天赤道附近星空（如上图所示）。集中在赤经零度附近的星星出现在十月的夜空，赤经6度的在一月，12度的在四月，18度的在七月。

赤经12度

赤经6度

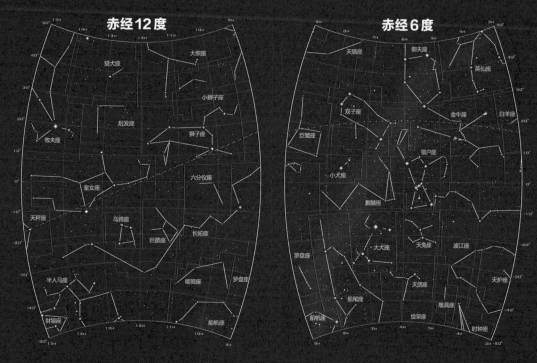

小熊座

小熊座，夜空中最北端的星座，以其最亮的一颗星——北极星而闻名。这颗极星可以在小熊的"尾巴"上找到，它距离北天极不到半度，在天空中几乎恒定不动，其他恒星绕其运转。

　　小熊座由七颗星组成，与邻近大一些也亮一些的大熊座"北斗"形似（见第32页）。可能正因为这种相似性，小熊座才得此名，否则有很多人会把它看成一只猎犬，抑或是天龙座延展的翅膀。北极星是小熊座里最亮的一颗星，2.0等，距离地球440光年，是有记录以来罕见的显著变化的星星。现在的北极星比古时候明亮一些，不过最近的发现表明，它是一颗脉动变星，在过去的百年中，它逐渐变小，也逐渐变暗。

星座简介

名称：小熊座
含义：小熊
缩写：UMi
所有格：Ursae Minoris
赤经：15h 00m
赤纬：+77° 42'
所占天区：256(56)
亮星：北极星（小熊座 α）

说明：

星座简介中，"所占天区"一项包含了每个星座的两个数据，括号外的数字代表星座的平方度（天空中所占的面积），括号中的数字是全天星座大小的排序，从1（最大）到88（最小）。

星轨

夜晚，对北极天区进行1小时的长曝光拍照，可以得到恒星围绕北极星运转的轨迹图像。星星在我们头顶画出完美的同心圆，距离北极星越近的星星，轨迹越短，而北极星是几乎不变的一个亮点。

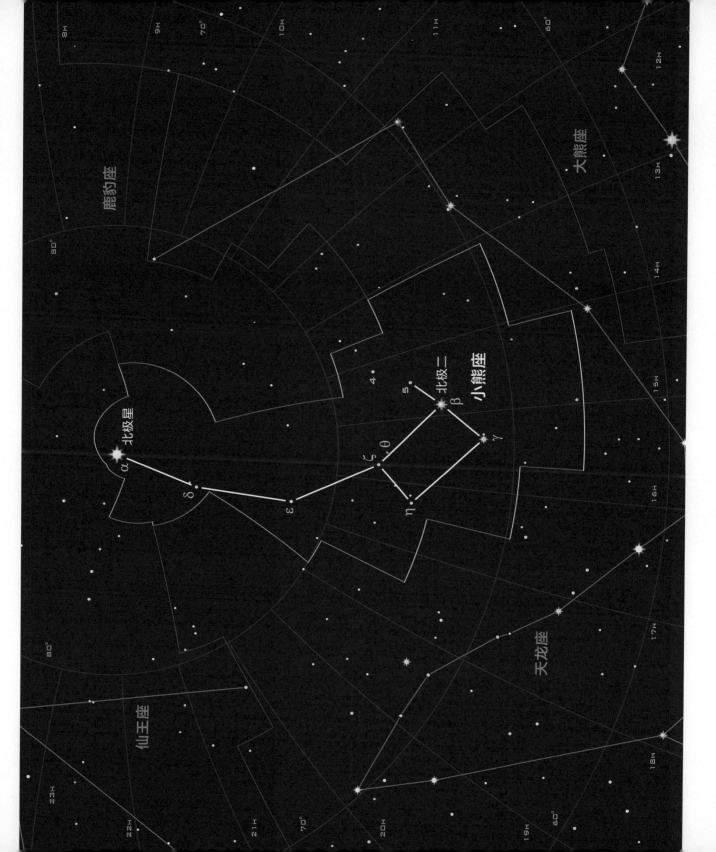

天龙座

绵长弯曲的天龙座，在希腊神话里是被大力神赫拉克勒斯杀掉的一条龙，它从北天极附近一直蜿蜒到小熊座。虽然天龙座距离很长，但有些让人失望，里面并没有特别引人瞩目的深空天体和亮星。

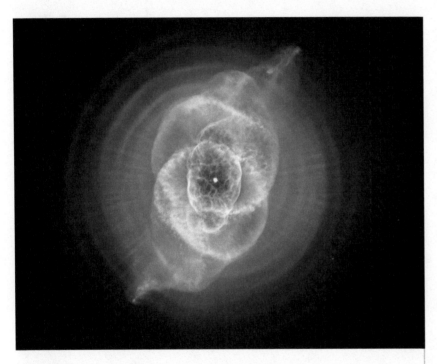

猫眼星云

天龙座中值得一提的天体是行星状星云NGC 6543，即著名的猫眼星云。它距离地球3 600光年，我们从小型望远镜里能够看到其一丝影像。猫眼星云实际是由恒星在其演化末期抛出的尘埃和气体壳组成的。在哈勃空间望远镜拍摄的这张照片中，我们可以清晰地看到，中心恒星吹出的恒星风使物质慢慢膨胀，历经数百年时光，形成了如此错综复杂的螺旋状结构。

星座简介

名称：天龙座
含义：一条龙
缩写：Dra
所有格：Draconis
赤经：15h 09m
赤纬：+67° 00'
所占天区：1 083（8）
亮星：天棓四（天龙座 γ）

在希腊神话里，天龙奉神后赫拉之名看护金苹果，与大英雄赫拉克勒斯决斗，这也是赫拉克勒斯的12项冒险任务之一。在现代星图中，赫拉克勒斯半跪在天龙的头顶处，试图给它以致命的打击。

天龙座的亮星是天棓四，即天龙座 γ 星，是一颗距离我们150光年、2.2等的红巨星。它的视向速度是每秒28公里，1 500万光年之后，天棓四经过朝向地球28光年的跋涉，将成为夜空中最亮的星。天龙座 α 星，也就是右枢，-3.6等，是一个紧密的双星系统。公元前2800年左右，它是当时人所见的北极星，因为岁差（见第11页）原因而偏离北极了。

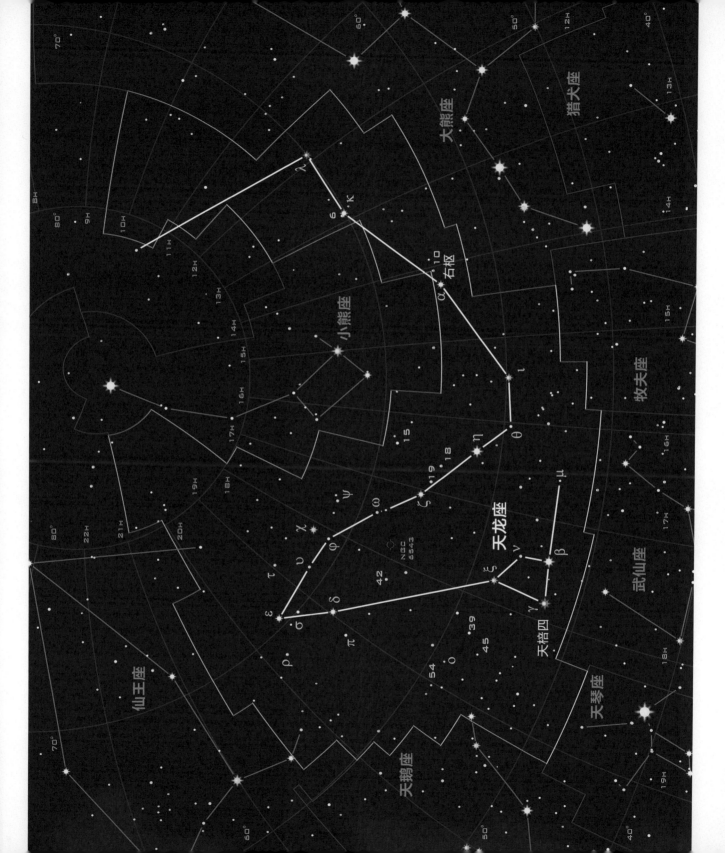

仙王座

仙王座位于北天高纬度，拥有众多亮星，它的形状看起来很像是儿童画笔下的一所大房子，不过由于毗邻的星座更加耀眼夺目，常常被人们忽略。它于银河北侧岸边，拥有很多被遗忘的"珍宝"。

　　仙王座的英文名为西刻甫斯，在希腊神话中他代表了埃塞俄比亚的国王，是卡西奥佩娅（Cassiopeia）的丈夫、公主安德罗墨达（Andromeda）的父亲（见第62页）。仙王座闻名于世的是其中的变星，因为在其中至少发现了三种不同类型脉动星的原型。其中，最亮的仙王座β星（上卫增一）是一颗蓝白色巨星，距离地球595光年，每4.6小时亮度变化0.1等，需要借助特殊设备才能观测到其亮度快速的波动。与此相比，仙王座δ星每5.7天的亮度变化在3.5和4.4等之间。与周围恒星相比，很容易识别这种光变现象，是典型的"造父变星"，天文学家常常用它作为测量其他星系距离的标杆。

星座简介

名称：仙王座
含义：国王的星座
缩写：Cep
所有格：Cephel
赤经：02h 33m
赤纬：+71° 01'
所占天区：588(27)
亮星：天沟五（仙王座 α 星）

石榴石星和星云

星云IC 1396，位于著名的石榴石星（仙王座 μ 星）附近。仙王座 μ 星距离地球5 000光年，亮度4.0等，是一颗红巨星，释放的能量相当于35万个太阳，并不时爆发出出人意料的光亮。星云IC 1396距离我们2 000光年，蕴含丰富的暗尘带细节特征。

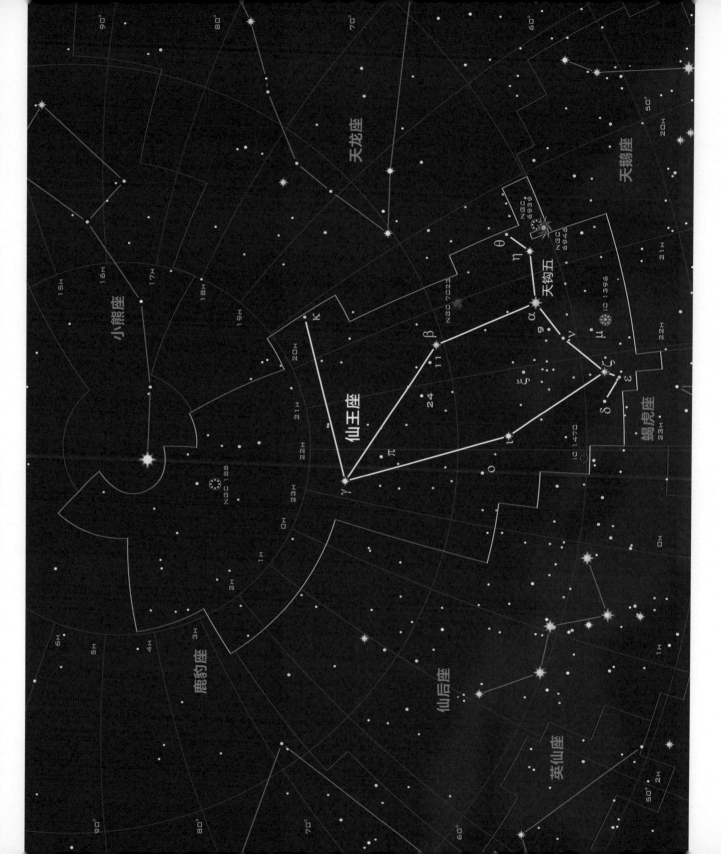

鹿豹座

鹿豹座是一个不甚明显的星座，覆盖着一片相对空白的天区，是后期才被添加到北天区的。17世纪，荷兰天文学家确定并命名了这个星座。人们假想它是一只长颈鹿，但其实很难把那些暗弱的星星想象成长颈鹿的样子。

到17世纪，鹿豹座才由荷兰天文学家、神学家皮特鲁斯·普兰修斯（Petrus Plancius）介绍到星座体系中。皮特鲁斯的本意是以《圣经·旧约》书中利百加与以撒婚礼上乘坐的骆驼来命名，但是他错用了拉丁词"长颈鹿"，让这个名字变得有些不明就里了。

鹿豹座中比较有趣的天体是两个无法预测的变星——鹿豹座 β 星和 Z 型星。β 星是一颗4.0星等的黄超巨星，有着不可预测的耀斑：1967年，曾经有过一次爆发，亮度增加了1等并持续了几分钟。鹿豹 Z 型星是一个矮新星的双星系统，亮度通常是13等。得益于某颗恒星表面的大气爆发，它每隔几周会增加2等。

星座简介

名称：鹿豹座
含义：长颈鹿
缩写：Cam
所有格：Camelopardalis
赤经：08h 51m
赤纬：+69° 23'
所占天区：757(18)
亮星：鹿豹座 β

NGC 2403星系

这是鹿豹座中最亮的星系，距离地球1 200万光年，亮度8.4等。它面向地球，在暗夜环境里，用双筒望远镜或者低倍望远镜就可以观测到。如同近邻大熊座（见第32页）中的梅西耶天体M81和M82，NGC 2403星系同样形成于这个小型星系群之中。

仙后座

英仙座

仙王座

α

NGC 1502

γ

α

β

7

御夫座

鹿豹座

23H

小熊座

天猫座

NGC 2403

O Z

天龙座

大熊座

仙后座

仙后座一个呈"W"形的星座，位于北天区外围，绕着北极旋转，与著名的大、小北斗遥遥相对。在希腊神话中，仙后代表着女王，是国王（仙王座）的妻子、公主（仙女座）的母亲。

清凉的夏夜，仙后座在头顶东升西落，那里也是银河北端的恒星富集区，包括M52、M103和NGC 457等深空天体，以及超新星遗迹：仙后座α。

王良四（仙后座α星）是一颗年轻的橙黄色巨星，距离地球230光年，亮度是太阳的500倍。19世纪，天文学家曾经把它当作一颗变星，如今一直稳定在2.25等。仙后座ι星，则是一个多星系统，主星4.5等，通过小型望远镜可观测到距离伴星稍远的8.4等的伴星，而必须使用大设备才能分辨出距伴星很近的6.9等的另外一颗伴星。

星座简介

名称：仙后座
含义：王后
缩写：Cas
所有格：Cassiopeiae
赤经：01h 19m
赤纬：+62° 11'
所占天区：598(25)
亮星：王良四（仙后座α）

仙后座 α

超新星遗迹仙后座A是一团撕扯着不断扩张的超热气泡，虽然很难在可见光波段探测到，但可以在X射线和无线电波段观测，是银河系中新近探测到的超新星爆发。这次超新星爆发，是1.1万光年外一颗大质量恒星死亡的结果。300年前地球上的人们应该曾经看到这次爆发，但是迄今没有找到相关的记录。

御夫座和天猫座

御夫座是北天区的一个著名星座，有全天第六大亮星——中国星名五车二，还是一些有趣的恒星和星团的所在地。相比之下，近邻的天猫座则略显暗淡无趣。

虽然御夫座自古以来被看成是一架战车，但车的主人身份还不是十分确定，可能是希腊神话中两位英雄之一：厄里克托尼俄斯或者弥耳提洛斯。御夫座最著名的恒星五车二，则与另一个神话故事有关——名字的意思是"母山羊"，代表了曾经喂养过年幼宙斯的阿玛提亚。五车二西南侧有三颗亮星，连接而成的三角形俗称"小山羊"。五车二距离地球42光年，自身是一个复杂的四星系统，其中主星的伴星当中的最亮成员需要用中型望远镜才能分辨出来。

天猫座是17世纪波兰天文学家赫维留创立的，他曾用几颗暗弱的星体连成了天猫座，以填补这片空白的天区。甚至连他自己都这样调侃，或许只有山猫的眼睛才能够识别这个星座的存在。

星座简介

名称：御夫座/天猫座
含义：战车的御者/猞猁
缩写：Aur/Lyn
所有格：Aurigae/Lyncis
赤经：06h 04m/07h 60m
赤纬：+42° 02'/+47° 28'
所占天区：657(21)/545(28)
亮星：五车二（御夫座 α）/天猫座 α

御夫座 AE

御夫座 AE 的亮度基本是肉眼观察的亮度极限，它是一颗蓝色恒星，距离地球 1 400 光年。星体本身星光微弱，但是附近有美丽的烽火恒星云 IC 405。御夫座 AE 并不是在这片区域诞生的，而是 200 万年前从其诞生地——猎户大星云逃逸出来的。

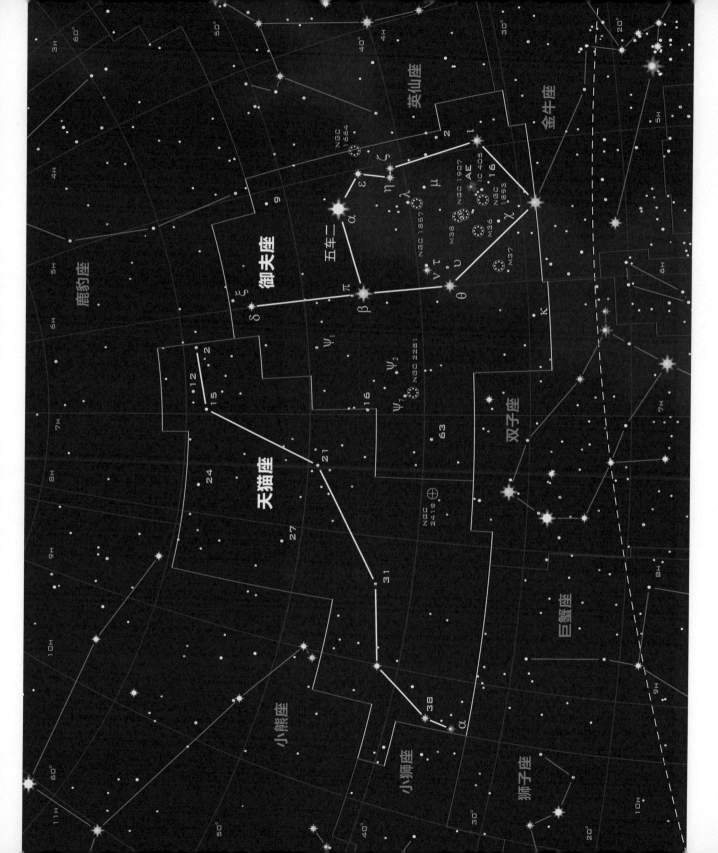

御夫座和天猫座深处

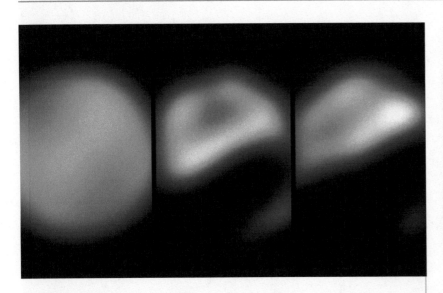

御夫座 ε 星

御夫座"小山羊"三星最北边的御夫座 ε 星，是一个著名的变星，其真实属性直到最近才逐渐明晰。通常，它的亮度保持在3.0等，每27年其亮度逐步下降至3.8等，这个亮度大约维持一年时间之后，再次提升。这种变化规律表明，它是一个食双星。不过，在非交食期间，另一个天体看起来似乎是半透明的，对于整个系统的亮度并没有产生影响。而且，食双星的周期长度似乎表明伴星在距离主星约3亿公里之外。长期以来，一种主流观点认为，这种奇怪的行为是由于围绕主星绕转的伴星在被轨道上的行星形成盘遮挡而造成的。在2009年11月的交食期间，天文学家首次观测到了行星盘穿越御夫座 ε 星的过程，最终确认了这一推论。

赤经：05h 02m，赤纬：+43° 49'

星等：2.9~3.8（变）

到地球的距离：2 000光年

星际漫游者：NGC 2419

这个只能在中型望远镜中可见的暗弱球状星团，有两个原因让它从同伴中脱颖而出。首先，它所在天区与围绕银河系中心运转的球状星团聚集区相反，60度范围内不存在其他星团。其次，它距离地球30万光年，比银河系其他球状星团，甚至银河系的卫星星系还要遥远。近期观测发现，它正以每秒20公里的速度接近我们。不过天文学家推断，它并没有被我们银河系的引力所束缚，更可能是在一次星际偶遇中被其他星系抛到宇宙空间中去的。

赤经：07h 38m，赤纬：+38° 53'

星等：10.4

到地球的距离：29.5万光年

烽火星云IC 405

美丽的烽火星云IC 405位于高速逃逸的御夫座AE附近，这个星云集发射星云和反射星云于一身。中心恒星发出的可见光是由于星云中的尘埃颗粒反射、散射的结果（译者注：根据瑞利定律，短波光子更容易被散射）。因此，我们在地球看到御夫座AE呈蓝色。同时，不可见的紫外光激发了星云中气体的原子和分子，经过电离复合过程之后，释放出可见光。

赤经：05h 16m，赤纬：+34° 27'

星等：c.6.0（变）

到地球的距离：1 400光年

大熊座

显然，北斗七星是北半球天空中最容易被辨认出来的一组星，不过，它所在的大熊座其实还有更大一片天区。诗人荷马在名著《伊里亚特》第18章中写道："大熊，男人们把它看作战马之车。"

　　大熊座是全天第三大星座，自古以来，许多民族都把它想象成一只大熊。北斗七星构成了大熊的身体和尾巴，其他一些暗星则是大熊的头和肢体部分。北斗七星是全天著名的标志，天枢（北斗一）和天璇（北斗二）（译者注：在平底锅锅沿最前面的两颗，有人将北斗七星看成是一口平底锅），二者连线五倍处的亮星就是北极星，并由此在夜空中甩出一个大弧线，连接着牧夫座的大角星和室女座的角宿一。实际上，大熊座的很

星座简介

名称：大熊座
含义：大熊
缩写：UMa
所有格：Ursae Majoris
赤经：11h 19m
赤纬：+50° 43'
所占天区：1 280(3)
亮星：玉衡（大熊座 ε）

多恒星相互之间也很近，距离地球大约都是80光年左右。这里的群星向同样的方向移动，这表明它们是在同一个星团中诞生的。只有北斗七星中的天枢（大熊座 α 星）和摇光（大熊座 η 星）两颗，不属于这个"大熊移动星群"。

风车星系

巨大的正向旋涡星系M101，与北斗七星勺柄上的开阳（北斗六）和摇光（北斗七）构成了一个三角形。虽然M101是7.9等，但是因为正面朝向地球，所以它的光芒发生了一些弥散。因此，用双筒望远镜或者低倍望远镜观测是最好的，看起来呈半个满月大小的光斑。风车星系距离我们2 700万光年。

大熊座内部

开阳与开阳增一

大熊座尾巴中部的亮星——大熊座ς星，是一颗有名的聚星。在双筒望远镜中，甚至视力好的人肉眼就可以观测到2.3等的开阳以及另一颗4.0等的伴星。利用小型望远镜，我们可以观测到开阳本身就是双星结构。而且，三颗中的每一颗分别都是双星系统。一直以来，人们认为开阳和伴星组成的系统很难得，不过最新研究发现，由于引力作用，它们正在演变成一个六合星。

赤经：13h 25m，赤纬：+54° 56'

星等：2.3, 4.0

到地球的距离：78光年

哈勃深场

在1995年12月中旬的连续10天时间里，天文学家把哈勃空间望远镜对准大熊座一片看起来空白的小天区，并拍摄了一组照片。结合多次曝光和使用计算机图像处理技术之后，美国国家航空航天局（NASA）的科学家们得到了这张"哈勃深场"的照片，在数十亿光年的宇宙空间里，布满了大约3 000个星系，由此将人类对宇宙的认识提升到一个新的高度。

赤经：12h 37m，赤纬：+62° 12'

星等：<28

到地球的距离：最远120亿光年

波德星系 M81

M81是个紧紧缠绕的旋涡星系，位于距离地球1 200万光年之外，由德国天文学家波德于1774年发现并命名。在双筒望远镜中，它看起来像一团毛茸茸的光斑。如果用小型望远镜，则能够观测到它椭圆的中心核形状。而更强大的望远镜则可以看到其旋臂结构。虽然M81中心光芒主要来自密集的恒星，而其中心核区域也会贡献一些辐射，所以它也是距离我们最近的活动星系。M81成为邻近某个星系群的核心。

赤经：09h 56m，赤纬：+69° 04'

星等：6.9

到地球的距离：1 200万光年

大熊座内部：雪茄星系 M82

一个爆发星系

这是观星爱好者们非常乐于观测的一个天体目标。雪茄星系，8.4等，是距离我们较近的明亮星系之一，拥有致密的结构。其外形为长条状，令人好奇的外观，有着明亮的中心区域，在分类中属于不规则星系。但在2005年，天文学家发现了它的旋涡结构迹象。这张哈勃空间望远镜拍摄的四通道合成照片里，包括可见光和红外波段，显示了星系周围的氢气纤维结构所产生的辐射，产生了其爆发式的外观。

赤经：09h 56m，赤纬：+69° 41'

星等：8.4

到地球的距离：1 200万光年

多波段复合图

这张假彩色照片包括可见光、红外光和从X射线望远镜获得的数据，呈现出一个独一无二的雪茄星系。照片中，红色是斯皮策空间望远镜的红外光数据，白色是哈勃空间望远镜的可见光数据，蓝色是钱德拉X射线望远镜的数据。这张复合图展示了X射线辐射是如何以羽状喷流的形式聚集在星系核心的上下两侧。它们主要是同步辐射，产生于星系活动核所喷发出来的带电高速运动粒子。

星暴核

"哈勃"影像揭示出了雪茄星系中心区域的细节，那里明亮并且紧密的星团身处在厚厚的尘埃环境中。每一个"超级星团"内约有10万颗恒星，甚至更多。那里，正是我们银河系轨道附近的球状星团诞生的摇篮。M82与其近邻M81（见第35页）激烈的星系碰撞，导致了它们的形成。从星团中恒星的属性可以看出，它们是约6亿年前，在一个持续了1亿年的星暴核中生成的。其影响至今犹存，混乱的物质不断跌入星系中央的超大质量黑洞中，让它依然保持着不断活跃的状态。

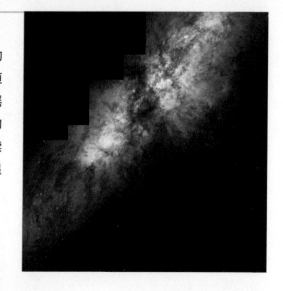

猎犬座

虽然猎犬座中只有一颗亮星，但它还是很容易辨认，因为它位于北斗七星和牧夫座大角星之间。猎犬座看上去恒星不多，但其中不乏有几个有趣的天体。

猎犬座由波兰天学家约翰·赫维留于17世纪创立，早期被阿拉伯人描绘成牧人的带钩牧杖。常陈一（猎犬座 α 星），也叫作"查理之心"，是由英国天文学家埃德蒙·哈雷为了纪念1949年查理一世被处死而命名。常陈一亮度2.9等，在小型望远镜中可以看到其双星结构，包括5.6等的伴星。猎犬座Y星是一颗红巨星，正在演变为行星状星云。以158天为一个周期，它的亮度在4.8等和6.3等之间变化。猎犬座还有一个亮点：球状星团M3位于其中，距离地球3.4万光年，是一个6.2等的梅西耶天体，那里拥有富集的恒星。

星座简介

名称：猎犬座
含义：猎犬
缩写：CVn
所有格：Canun Venaticorum
赤经：13h 07m
赤纬：+40° 06'
所占天区：465(38)
亮星：常陈一（猎犬座 α ）

M106星系

M106是一个奇怪的旋涡星系，位于猎犬座西北部，这个星系距离地球2 500万光年，于1781年被发现，分类为赛弗特Ⅱ型星系，这是一种有着不常见中心区域的活动星系，并且持续释放各种波段的电磁波信号。这个星系最为奇怪的一个特点是不规则的旋臂在可见光里观测不到（合成图像中的蓝紫色部分）。

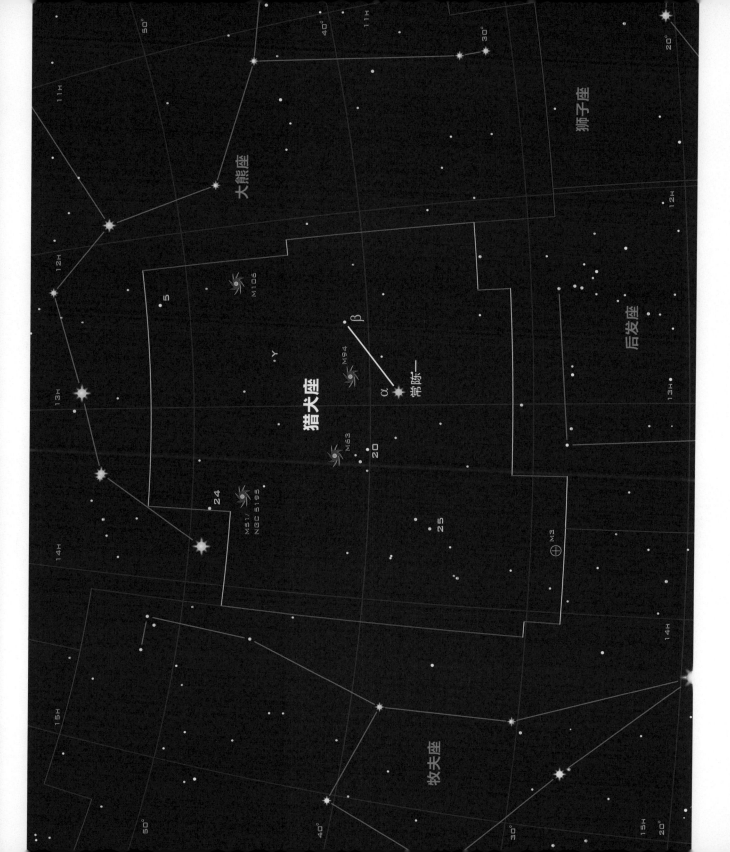

猎犬座 M51 星系

明亮的核心

从哈勃空间望远镜拍摄的早期影像放大来看，M51的中心有一颗恒星大小的点状光源。图像进一步处理后显示，那里之前存在过一个暗的十字状区域，曾经认为那里是超大质量黑洞周围的两个尘埃环。但进一步研究表明，那是前场对光的吸收而导致的。核心的亮度表明黑洞的确存在——辐射出双瓣X射线喷流，温度高达几百万度，绵延数百光年。

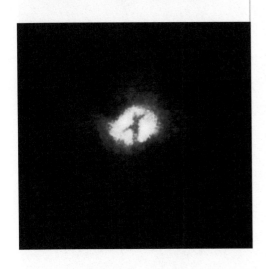

红外镜头下的星系结构

这是哈勃空间望远镜拍摄的两幅照片，左边是可见光波段图像，右边是近红外波段图像。星系中大部分恒星发出的是可见光，可见光之外的红外影像可以将它们有效过滤，描绘了气体和尘埃的分布，因为气体和尘埃温度过低而无法发出可见光。在两张照片的对比下我们可以看到，尽管星系盘被这种物质充斥着，然而不透明的尘埃带遵循着旋涡星系的旋臂结构，比其周围要热很多。这是因为旋臂是新的恒星诞生的地方，但还没有足够的热使其正常发光。星系的明亮核心并没有与周围表现出非常大的差别，正在进行的恒星形成过程，更多是在旋臂区域而不是在中心区。

双人舞者

M51亮度8.4等，虽然身处在2 300万光年之外，仍然是夜空中最亮的星系之一。在双筒望远镜中就可以看到它舒展的结构，如果要看其旋臂结构则要用中型望远镜。M51的一条旋臂与其相邻的不规则星系NGC 5195连接，不过这只是视觉上的误差而已（实际上，NGC 5195位于旋臂之后的地方）。但是，这二者还是足够近，以至于能够影响彼此：

M51的引力或许已经引发这个临近弱小星系中的恒星形成的爆发，而NGC 5195可能会激发M51的活动星系核，进一步稳固其旋涡星系的结构。

赤经：13h 30m，赤纬：+47° 12'

星等：8.4

到地球的距离：2 300万光年

牧夫座

这个星座有着独特的刀形模样，还有亮星大角，这两点使它成为北极天区与大、小熊座相提并论的一个重要星座。每年1月发生的象限仪座流星雨的辐射点正位于牧夫座北端、邻近牧夫座 κ 星。

通常，牧夫座代表的是天上的牧人，与他的猎犬（附近的猎犬座）一起驱赶大熊，守护羊群。另一种解释是，它代表着宙斯的儿子阿卡斯，以及美丽的仙女凯里斯特——她后来被宙斯的女儿、天神阿尔忒弥斯变成了大熊。

大角意思是"大熊追随者"，是本星座中最亮的一颗星。它是距离地球最近的红巨星，只有37光年。从北斗七星勺把三颗星延伸出的弧线继续延长，很容易能找到它，就在牧夫座"风筝"形的底部。大角星是与太阳最相似的恒星之一，处于比太阳更老的生命周期中：其中心的氢已经燃烧殆尽，向着生命最后一个阶段发展。

星座简介

名称：牧夫座
含义：牧人
缩写：Boo
所有格：Bootis
赤经：14h 43m
赤纬：+31° 12'
所占天区：907(13)
亮星：大角（牧夫座 α）

牧夫座T星

这颗类似于太阳的恒星距离地球51光年，那里有首颗通过直接观测而发现的系外行星——牧夫座T星b，质量约是木星的4倍，绕其母星一周的时间是79.5小时。更神奇的是，一个红矮星在很远的距离绕主星运转，轨道周期是1 000年。1996年发现后，它被确认成第一颗"热木星"系外行星。

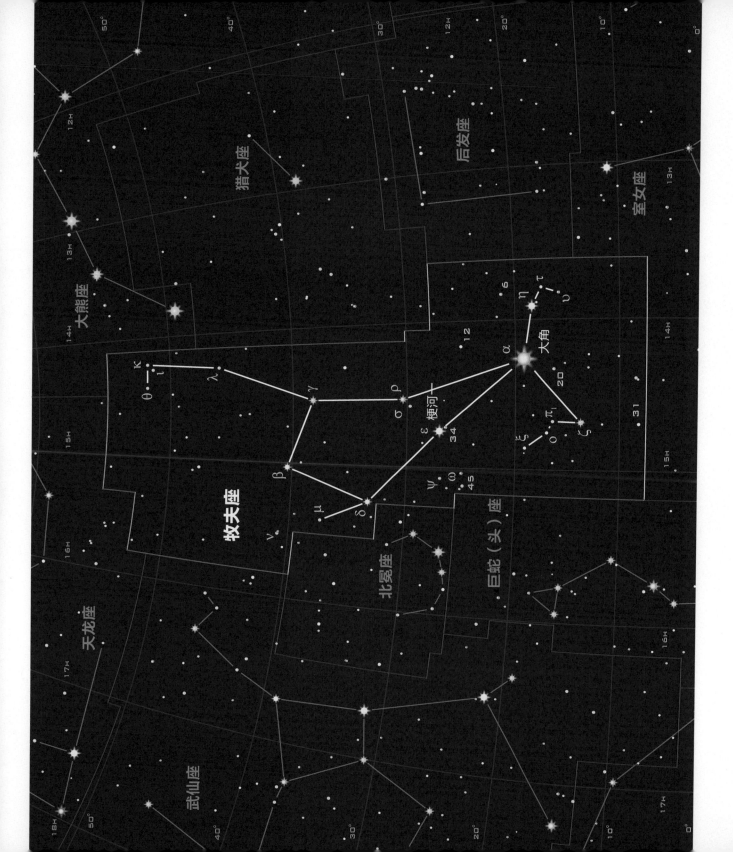

北冕座

北冕座是一串令人瞩目的恒星链，位于北天区牧夫座附近，虽然缺少深空天体，却有不少有趣的变星。在希腊神话里，北冕座是狄奥尼索斯在纳克索斯岛送给新娘阿里阿德涅的皇冠。

　　北冕座是古希腊—埃及天文学家托勒密在公元2世纪列出的48个星座之一。毗邻北冕座中央的北冕座R星，距离地球6 000光年。通常，它的亮度在5.9等，几乎在肉眼可见的极限，但有时会暗淡至14等，超出了多数业余望远镜的观测范围。天文学家认为，当恒星抛射大量碳到它的大气中时，这些碳会形成暗的团块，从而导致恒星亮度无规则下降。距离地球1 800光年的北冕座 ε 星，却与前者截然相反。这是一个"再发新星"系统，亮度一般是11.0等，每隔几十年会突然爆发变亮到2.0等。

星座简介

名称：北冕座
含义：北半球皇冠
缩写：CrB
所有格：Coronae Borealis
赤经：15h 51m
赤纬：+32° 37'
所占天区：179(73)
亮星：贯索四（北冕座 α ）

艾贝尔星系团 2065

星系团艾贝尔2065位于北冕座的西南侧，是业余设备所能观测到的最远星系团之一。由于其合成星等是14.0，所以需要大型观测设备或者长时间曝光才能显露真容。在20世纪50年代，美国天文学家乔治·艾贝尔制作了星系团列表，艾贝尔2065就是众多遥远星团中的一个。这个星团列表包括400余个星系，基本都距离地球大约十亿光年之遥。

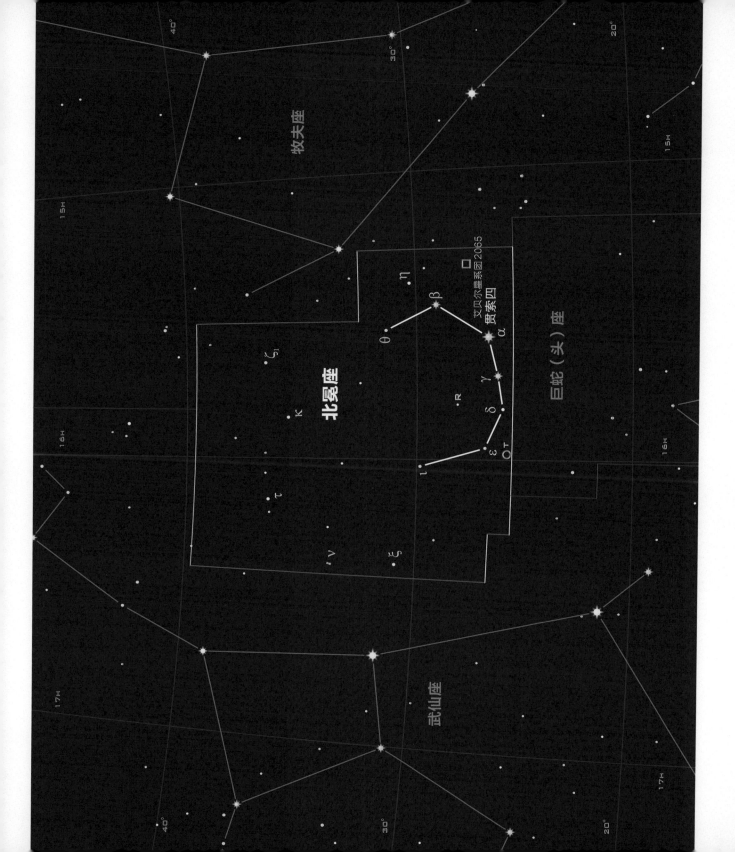

武仙座

武仙座，北天区的这个大型星座代表希腊罗马神话里伟大的英雄赫拉克勒斯。古时希腊天文学家称其为"下跪的人"。武仙座并无特别的亮星，最引人瞩目的深空天体是堪称全天之最的球状星团。

　　在室女座的角宿一和牧夫座的大角星中间，武仙座包含一个被称为"拱顶石"的不对称四边形，几串延伸出去的星星组成了英雄的四肢。一般把它想象成半身下跪的样子，手持长棍一根，朝着天龙座的头部方向。在希腊神话里，他必须要完成12项任务，包括杀死他的全家。英雄的头部是帝座双星，从小型望远镜里可以轻松看到一颗4.5等的红色星和一颗5.4等的白绿伴星。武仙座 δ 星是另外一个在小型望远镜中可以看到的双星系统，包括一颗3.1等的蓝色主星和8.2等的伴星。

星座简介

名称：武仙座
含义：希腊神话人物赫拉克勒斯
缩写：Her
所有格：Herculis
赤经：17h 23m
赤纬：+27° 30'
所占天区：1 225(5)
亮星：天市右垣一（武仙座 β ）

M13

武仙座有北天区最为致密的球状星团——M13，这个巨大的星团包含百万颗恒星，然而却被挤压在直径150光年的球形空间之内。它距离地球2.5万光年，在夜空中肉眼刚好可见，双筒望远镜里是一团明亮的白光。在小型望远镜中就能够分辨出星团外围的单个恒星小团块。

天琴座

天琴座这个紧凑的星座因为其中的织女星而很容易被识别出来，织女星是全天第五大亮星，代表古时的一种弦乐乐器——俄耳甫斯弹奏的竖琴。它的音乐如此迷人，以至于连树木和石头听后都会翩翩起舞。

天琴座位于银河系北段的致密星云附近，包含不少有趣的天体，比如著名的指环星云。

织女星，天琴座 α 星，其声名远播不仅是因为它的亮度。织女星距离地球非常近，仅25光年。其年龄是太阳的十分之一，只有5亿年。红外观测表明其周围有一个气体尘埃盘，可能正在形成行星。

星座简介

名称：天琴座
含义：竖琴
缩写：Lyr
所有格：Lyrae
赤经：18h 51m
赤纬：+36° 41'
所占天区：286(52)
亮星：织女星（天琴座 α ）

天琴座的另一个亮点是天琴座 ε 星，著名的聚星系统。用双筒望远镜可以看到两颗亮度分别为4.7等和4.6等的恒星，如果用小型望远镜，则能够发现这两颗恒星各自分别都是一个双星系统。天琴座 β 星（渐台二），是一个更加致密的"食双星"系统。

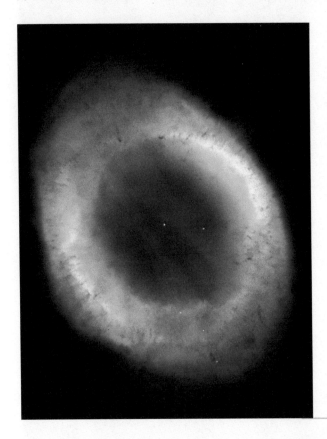

指环星云

天琴座 β 星和 γ 星之间有一个瞩目的天体——M57，在小型望远镜里可以看到其"宇宙之环"的身姿。作为著名的行星状星云，它是由类太阳恒星垂死之际抛出的气体和尘埃壳形成的，而中心炽热恒星的辐射为其提供额外能源。指环星云位于2 300光年之外，直径大约1.5光年。

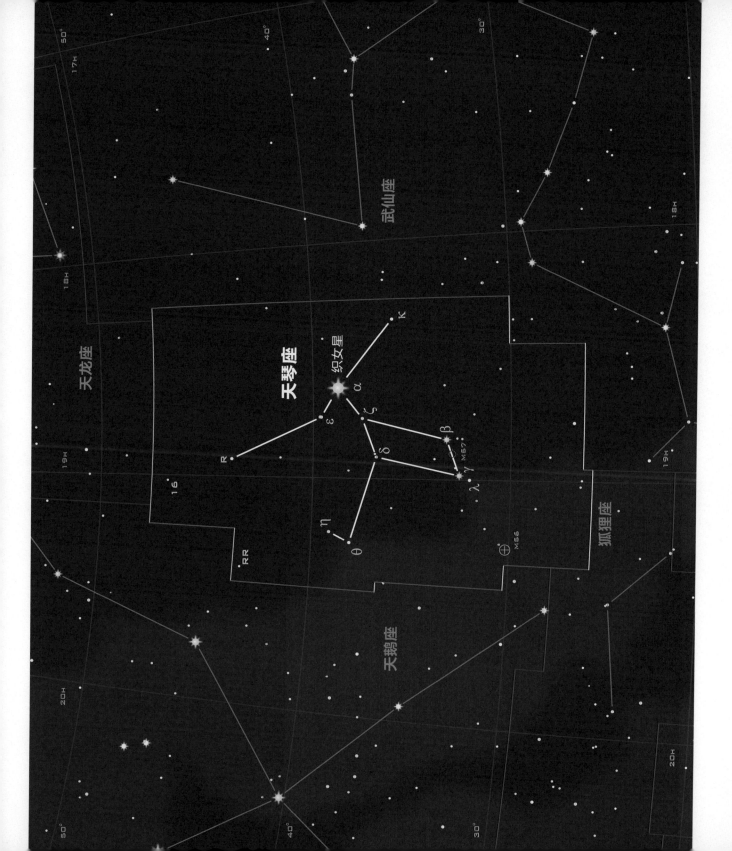

狐狸座和天箭座

狐狸座和天箭座这两个星座既小又没有什么成群的恒星，不过它们里面有几个有趣天体。天箭座相对容易识别，它形如飞箭，朝向天鹅和天鹰这两个星座。

　　天箭座中最亮的星被误标为 γ 星，是少有的肉眼可见的冷 M 类恒星，一种垂死的红巨星。距离地球275光年。这里还有M71，一个1.3万光年之外的疏散球状星团。

　　暗弱并且无形状的狐狸座好似一只嘴里叼着大鹅奔跑的狐狸，星座的最亮星——齐增五，被看成是那只大鹅。星座中还有哑铃星云和像衣架形状的布罗基星团：Collinder 399。1967年，天文学家将射电望远镜指向这里，发现了人类历史上的首颗脉冲星PSR B1919+21（一种快速自转的中子星，见第76页）。

星座简介

名称：狐狸座/天箭座
含义：狐狸/弓箭
缩写：Vul/Sge
所有格：Vulpeculae/Sagittae
赤经：20h 14m/19h 39m
赤纬：+24° 27'/+18° 52'
所占天区：268(55)/80(86)
亮星：齐增五（狐狸座 α）/天箭座 γ

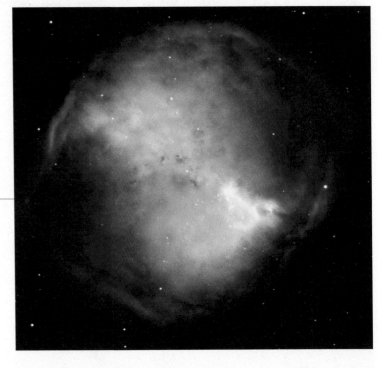

哑铃星云

M27是第一个观测到的行星状星云，法国天文学家梅西叶于1764年发现了这个天体。哑铃星云位于1 350光年之外，是此类天体中距离地球最近的一个，用双筒望远镜就能看到，视直径约是三分之一满月大小。

天鹅座

天鹅座经常被称作"北十字"，里面的亮星在北天区十分耀眼，还有银河系中最为富集的恒星生成区，以及深空天体。最亮的星是天鹅座 α 星（天津四），与织女星、牛郎星共同组成了"夏季大三角"。

古希腊时期，人们曾经把这里看成是一只飞向银河系中心的天鹅。有人认为这是天神宙斯变成的天鹅，他因被勒达的美貌吸引，变成了天鹅去吸引她；还有传说认为这是乐神俄耳甫斯死后化身的天鹅，守护在他的竖琴之旁。第三个传说认为，天鹅是太阳神之子法厄同忠诚的朋友，这个鲁莽的年轻人偷走了他父亲太阳神的战车，后因宙斯惩罚而落难于天河厄里达诺斯中。而天鹅则是徒劳地一次次冲进水里，试图营救它的朋友。天神宙斯欣赏它的勇气，把它升到天上成为天鹅座。

星座简介

名称：天鹅座
含义：天鹅
缩写：Cyg
所有格：Cygni
赤经：20h 35m
赤纬：+44° 33'
所占天区：804(16)
亮星：天津四（天鹅座 α ）

无论其身份如何，天鹅座都是一座天上的宝藏。最亮星天津四是所有1等亮星中本征亮度最亮的，相当于20万个太阳的亮度，穿越3 000光年的距离到达地球后，依然光彩依旧。

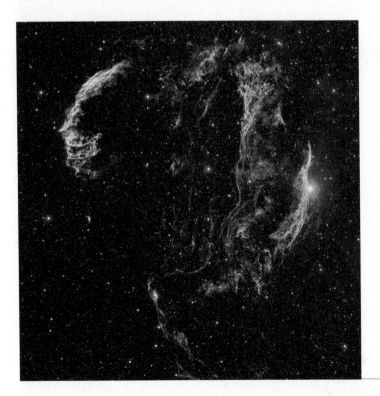

面纱星云

面纱星云是天空中最亮的超新星遗迹之一，样子是一个半透明的星云，视直径相当于6个满月那么大，位于天鹅座 ε 星的西南侧。这片延展的气体现在已经扩展到50光年大小。其中最亮的区域由英国天文学家赫歇尔于1784年发现，包含了NGC星表中的NGC 6969、NGC 6992和NGC 6995三个天体。

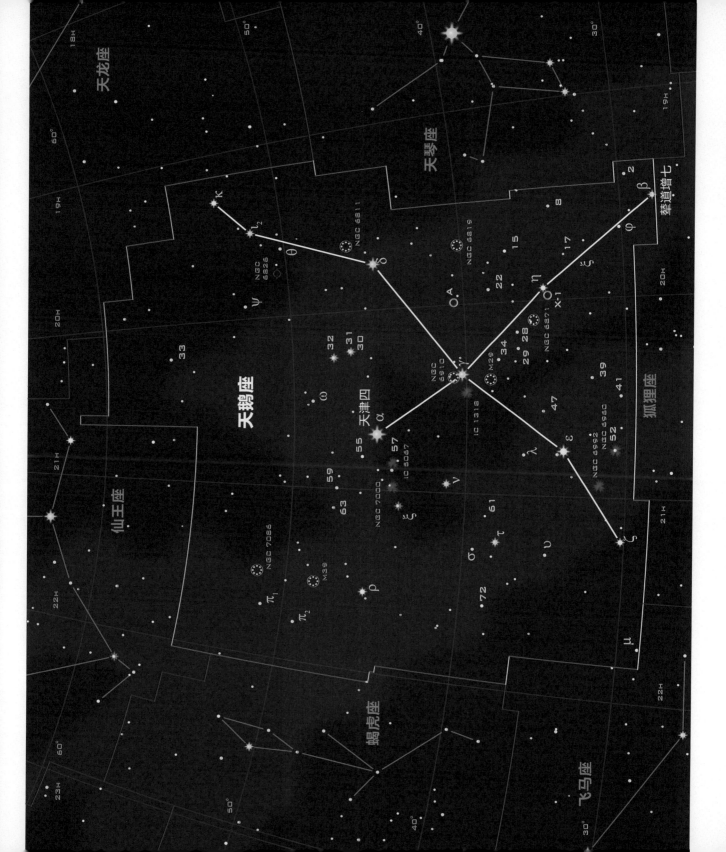

天鹅座深处

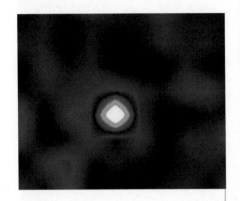

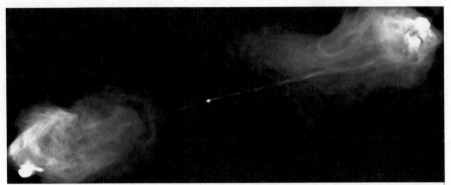

Cygnus X-1

在光学波段中，这里有一颗亮闪闪的蓝超巨星，距离地球8 000光年，看起来只有9等亮度。但是，从X射线波段的观测数据中却得出了特别的结论：那里有强烈的X射线释放，频率每秒1 000次。但射线并不是直接从恒星发出，而是来自一个约15倍于太阳质量、不可见的天体，这个天体每5.6天绕主星一周。这表明该天体是一个黑洞，它从相伴恒星中吸收气体，在黑洞周围形成一个超热的物质盘绕其运转，这个物质盘辐射着X射线。

赤经：19h 58m，赤纬：+35° 12'

星等：8.9

到地球的距离：8 200光年

天鹅座A

在可见光波段中，它是一个只能在大型望远镜才可观测到的星系，遥远而形状奇特。但在射电波段中，它却是全天最亮的天体之一。这个星系拥有一对方向相反的狭长喷流，形成两个巨大的双瓣状射电辐射结构，延展百万光年。天鹅座A是距离地球最近、辐射强度最高的射电星系。射电星系是一种活动星系，其中心的超大质量黑洞并不可见，所以看到的都是中心区域抛射出的物质而已。

赤经：19h 59m，赤纬：+40° 44'　　　　　星等：15.0

到地球的距离：6亿光年

天鹅 β（中文名輦道增七）

毫无疑问，这是北天区最亮的双星，即使通过最小的望远镜也能看到，包括一颗3.1等的黄橙色星和5.1等的蓝绿色星。它们距离我们385光年，但是天文学家并没有确认观测到二者的相互绕转运动。1976年，有天文学家推断，Albireoa本身就是一个双星，然而使用肉眼即便用最专业的设备，都无法将其区分开来。

赤经：19h 31m，赤纬：+27° 58'

星等：3.1/5.1

到地球的距离：385光年

女巫扫帚星云 NGC 6960

面纱星云西段最明亮的那部分就是女巫扫帚星云，星云亮度很集中。5.3等的天鹅座52星是用于寻找这个星云的显著标志。

女巫扫帚星云视场直径大约1.5度，相当于三倍满月大小。星云距离地球1 500光年，整个面纱星云直径大约为50光年。

赤经：20h 46m，赤纬：+30° 43'

星等：7.0

到地球的距离：1 470光年

北美洲星云 NGC 7000

宇宙中的大陆

著名的北美洲星云覆盖了四倍满月大小的天区，东侧最亮的星是天鹅座的天津四。星云的外形与北美洲大陆极其相似，在形似大西洋海岸和墨西哥湾的位置有暗尘埃带。在暗星云的另一侧还有另外一个明显的天体：鹈鹕星云IC 5070。虽然北美洲NGC 7000的"累积星等"是4.0，但是因为它面积太大，以致于很难用肉眼将其从银河系中认出。在暗黑的无月之夜，可以用双筒望远镜或者低倍、大视场的望远镜观测这个星云。

电离前沿（电离波前）

在鹈鹕星云里有一些五彩的"山峰"，"山峰"被"峡谷"从北美洲星云分割开来，这些峡谷就是不透明的尘埃带，那里可能是复杂的恒星生成区。大量裸露区域被恒星的辐射吹散，这些恒星就是"峡谷"中聚集的新生恒星。根据荧光辐射机制，气体吸收辐射能量并再次以电磁波发射出去，从而产生了各种色彩。不同区域的气体性质不同，一些气体是接收了能量而被电离的，变成了带电粒子，它们形成了顶部显著的蓝色迷雾。浓密的气体则可以抵抗辐射的侵袭，比如顶部卷须般的结构，那里就是由相对浓密物质团块形成的阴影。这些浓密的气体团块将孕育年轻的恒星。

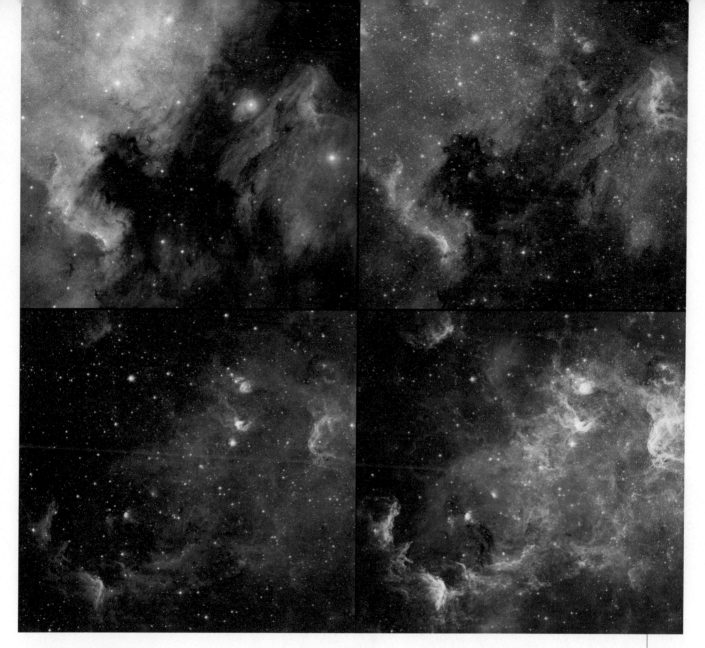

多波段 "蒙太奇"

四个不同波段的系列图像揭示了北美洲星云的内区细节。左上是可见光波段影像，可以看出其形状与北美洲大陆的相似性，同时还有鹈鹕星云及其尘埃带的特写。右上可见光（蓝色）与红外（红色）波段的合成图，显示出星云尘埃云的热辐射。中红外（左下）和远红外（右下）的影像穿透尘埃带，揭示了星云内部新诞生的恒星。

赤经：20h 59m，赤纬：+44° 20'

星等：4.0

到地球的距离：1 600 光年

仙女座和蝎虎座

仙女座的形态不甚明显，形如枝权。这个星座因为坐落在飞马四边形的东北方而很容易被找到。旁边形态稍微紧凑一些的星座是蝎虎座，形如蜥蜴，就在仙女座的西北方。

　　仙女座是一个古老的星座。在希腊神话中，仙女安德罗墨达（Andromeda）是埃塞俄比亚国王刻甫斯和王后卡西奥佩娅的女儿，因王后不断炫耀女儿的美貌而激怒了海神波塞冬之妻安菲特里忒，在安菲特里忒的请求之下，波塞冬派出海怪赛特斯毁坏埃塞俄比亚王国，直到仙女安德罗墨达被献出。而蝎虎座是一个最近的发明，是由天文学家赫维留在1687年创立的。

　　仙女座 α 星（壁宿二），是一颗2.1等的蓝白色变星，肉眼可见。仙女

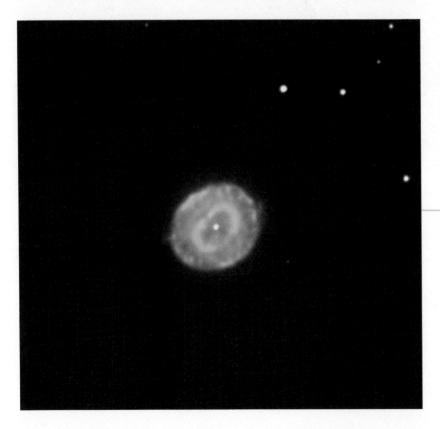

星座简介

名称：仙女座/蝎虎座
含义：公主/蜥蜴
缩写：And/Lac
所有格：Andromedae/Lacertae
赤经：00h 48m/22h 28m
赤纬：+37° 26'/+46° 03'
所占天区：722(19)/201(68)
亮星：壁宿二（仙女座 α）/蝎虎座 α

座 γ 星（天大将军一），引人瞩目的聚星，通过小型望远镜可以分辨出其中两颗恒星：2.3等的黄星和4.8等的蓝星，而蓝星还有一个6.1等的伴星。如今，它们已经相比2012年距离最近的时候逐渐远离，不过即便在2012年的时候，即使使用最大的望远镜也不能把它们分离开来。

蓝雪球星云

蓝雪球星云NGC 7662是一个行星状星云，亮度9.0等，距离地球2 200光年，在夜空中位于仙女座 ι 星和仙女座 ο 星中间，是观测爱好者最容易看到的此等亮度的天体。小型望远镜中，这个星云看起来是蓝绿色的星点，而在中型望远镜中能看到其明显的盘状结构。

仙女座大星系 M31

尘埃和恒星

这张罕见的仙女座大星系 M31 的照片，是多波段的红外数据集成影像，由美国国家航空航天局的广域红外巡天探测者（Wide-field Infrared Survey Explorer，WISE）拍摄。蓝色表示来自炽热天体的近红外数据，代表了星系里小质量、温度较低、年长的恒星。绿色和红色部分则表示更长波段的数据，是来自更寒冷地带的影像，那里是恒星诞生地，也是更热、寿命更短恒星即将诞生的区域。这些大质量的炽热恒星只能存在几百万年，因此没有足够的时间从诞生地迁徙出去，从而主导了年轻的疏散星团。由此，温度更高的黄色区域显示了恒星形成的旋臂，揭示了之前星系碰撞而导致的复杂结构。

双核结构

这张星系核心的放大影像是由哈勃空间望远镜拍摄的，揭示出核心区域两个明显的恒星个体，M31 的真实中心就位于两个结构中较暗的那个中。直到现在，天文学家都没有研究出这个双核系统是怎么回事。按照早期的观点，稍亮的那个星系核是另一个星系的残留物质，在过去的某个时间被吸入到了仙女座。但是，更新的计算机模型却表明，另外一个星系核不可能完整地存留这么长时间。现在的主流观点认为，明亮的部分是由围绕星系 M31 真正核心绕转的由恒星组成的盘状物质，当它们远离星系核时，会造成恒星的"交通拥堵"现象。

宇宙岛

暗夜之下，仙女座星系M31魔力四射，用肉眼就可以看见一个光斑挂在夜空，它的视直径大约有两倍满月大小。在小型望远镜中可以看到其明亮的中心核，四周包围着暗弱的星系盘。而在大型望远镜或长曝光的照片里，可以看到暗尘带，以及旋涡结构。仙女星系M31比我们的银河系庞大得多，直径达20万光年，不过质量却小一些。仙女星系M31是本星系群除银河系之外的另外一个主引力中心，能够吸引其他伴星系，比如图中的M32和M110。

赤经：00h 43m，赤纬：+41° 16'

星等：3.4

到地球的距离：2 500万光年

英仙座

英仙座是一个关于英雄的星座，他的传说遍布整个北半球星空。希腊神话里，英仙的妻子仙女座在其西侧，仙女的母亲仙后座在其北侧。但是，银河系的恒星富集区却令英仙座很难辨认出来。希腊神话里，珀尔修斯是被阿尔戈斯放逐的王子。在雅典娜女神的帮助下，杀死了蛇发女妖美杜莎，从怪兽赛特斯手里救出了安德罗墨达公主。他常常以一只手挥舞着美杜莎头的形象出现。

英仙座中的亮星 β 星（大陵五），传说那是美杜莎的眼睛。大陵五通常保持在2.1等，但在某个时刻会降到3.4星等，并维持10小时左右，这样的循环约以69小时为一个周期。这就是著名的食双星——两颗轨道很近的恒星在相互绕转时候，从地球上看，当一颗运行到另一颗前面，整个系统的亮度会下降。大陵五的这种行为早在1670年就被观测到，但是从名字上可以看出，阿拉伯人却一直称其为"魔鬼"，似乎说明这种奇怪的状态自古人们就发现了。

星座简介

名称：英仙座
含义：珀尔修斯
缩写：Per
所有格：Persei
赤经：03h 11m
赤纬：+45° 01'
所占天区：615(24)
亮星：天船三（英仙座 α）

加州星云

这个颜色柔和的星云，编号NGC 1499，位于4.0等的英仙座Xi星附近，相当于五倍满月大小。在长曝光照片里，它的形状与美国加州相似，并由此而得名。照片中间的亮星——英仙座Xi星，是质量最大、温度较高和亮度最大的恒星之一，是太阳质量的40倍、太阳亮度的33万倍，距离地球1 800光年。

英仙座深处

双星团NGC 869、NGC 884

在英仙座和仙后座中间的位置，有个亮点值得一提：肉眼看到的是一对毛茸茸的"星点"，在双筒望远镜或小型望远镜里，它们摇身一变成为两个富含恒星的疏散星团。二者相距300光年，所以它们彼此并没有被引力束缚在一起，但是它们最初来自同一个区域：英仙OB星协。两个星团都很年轻，NGC 869大约1 900万年，NGC 884约是1 250万年，所以这些星团为大质量的明亮蓝白恒星和接近生命最后阶段的红橙巨星所主导。

赤经：02h 21m，赤纬：+57° 08'

星等：4.3，4.4

到地球的距离：7 100光年、7 400光年

英仙座星系团Abell 426

位于大陵五东侧不远处，它是本地宇宙中质量最大的星系团之一，距离地球大约2.4亿光年。它包括了数千个独立的星系，其规模之庞大甚至令室女座星系团（见第92页）相形见绌。星系团里充满了温度高达数百万度、产生X射线的气体，它们是星系在几十亿年的相互碰撞和临近接触过程中从星系中剥离出来的。巨大的星系NGC 1275就位于星系团中心最热的区域。

赤经：03h 18m，赤纬：+41° 30'

星等：12.6

到地球的距离：2.4亿光年

英仙座 A

NGC 1275 是位于英仙座星系团中央位置的巨椭圆星系，是一个强大的射电源。哈勃空间望远镜的影像揭示了这个星系的奇特结构——更像是两个旋涡星系碰撞的结果。合并导致了 NGC 1275 核区处于活跃状态，物质被吸入中心的大质量黑洞中，由此产生了强烈的可见光以及包括射电信号的其他辐射。根据主流理论，在拥挤的星系团之内旋涡星系间的合并会将恒星形成的气体剥离出云，最终变成巨大的椭圆星系。

赤经：03h 19m，赤纬：+41° 30'

星等：12.6

到地球的距离：2.37 亿光年

双鱼座

双鱼座是一个有些暗弱的星座，但因为是黄道星座而颇有名气，它位于飞马大四边形东侧，含有两串较为明亮的恒星。每一串代表着一条鱼，鱼尾处是双鱼座 α 星（外屏七），代表了将两条鱼连接在一起的绳子。

　　古时候，双鱼座被想象成自由自在游泳的鱼，演绎着美神阿佛洛狄忒和儿子丘比特成功逃脱怪物堤丰魔爪的故事。在望远镜里，外屏七是个双星系统。另一个双星是双鱼座 ς 星，在最小的天文望远镜里就可以看到。

　　春分点恰好位于双鱼座的南侧，在此处，太阳沿着黄道穿过赤道从南半球向北移动，北半球开始变得温暖。那里是天文学家绘制全天星图时，赤道坐标系的起点。

星座简介

名称：双鱼座
含义：两条鱼
缩写：Psc
所有格：Piscium
赤经：00h 29m
赤纬：+13° 41'
所占天区：889(14)
亮星：外屏七（双鱼座 α）

M74

用低倍数的稍大口径望远镜观测，可以看到双鱼座 ε 星东侧的这个壮观的旋涡星系M74。虽然距离地球3 000万光年，但由于它是正向星系，所以它的光弥散在一块很大的天区之中。在长曝光照片中，可以看到它的两条美丽的旋臂。M74被称为"宏象旋涡星系"，新恒星形成区所在的旋臂看起来非常明显。

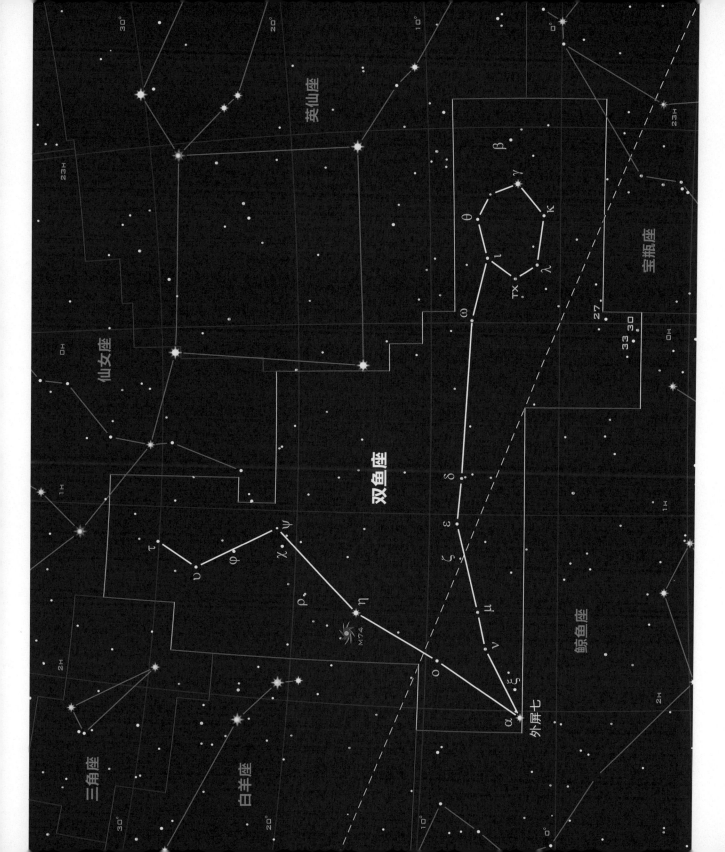

白羊座和三角座

白羊座这个相对暗弱的黄道星座似乎缺乏有趣的天体，但有几场流星雨辐射点就在附近，包括白羊座白昼流星雨。而相邻的三角座中，却有非常值得一提的银河系芳邻。

在希腊天文发展的很早之前，白羊座通常是卧着的样子，现在的星座故事里，则是长着伊阿宋和阿尔戈号船员苦苦追寻着金羊毛的白羊。北侧的三角座，因为与希腊字母 Δ 相似而最早被希腊天文学家注意到。

白羊座 α 星（娄宿三），是一颗2.0等的橙巨星，距离地球66光年。它是罕见的能够直接测量到尺寸的恒星，大小是太阳的14.7倍。白羊座 γ 星（娄宿二），是很吸引人的聚星，距离地球205光年，可以在小型望远镜里看到4.6等和4.7等的白双星，甚至可以看到轨道更远的9.6星等、小一些的橙色恒星，它在围着双星绕转。

星座简介

名称：白羊座/三角座

含义：羊/三角

缩写：Ari/Tri

所有格：Arietis/Trianguli

赤经：02h 38m/02h 11m

赤纬：+20° 48'/+31° 29'

所占天区：441(39)/132(78)

亮星：娄宿三（白羊座 α）/天大将军九（三角座 β）

星系间的邂逅

使用中型望远镜，可以看到白羊座 β 星东北侧有一对星系——NGC 678（照片左侧）是一个侧向旋涡星系，星系核周围有暗尘埃带。NGC 680则是一个缺乏生成恒星气体的椭球星系。两个星系距离地球大约都是1.2亿光年，NGC 680在相邻星系的引力作用下，发生了一些扭曲。

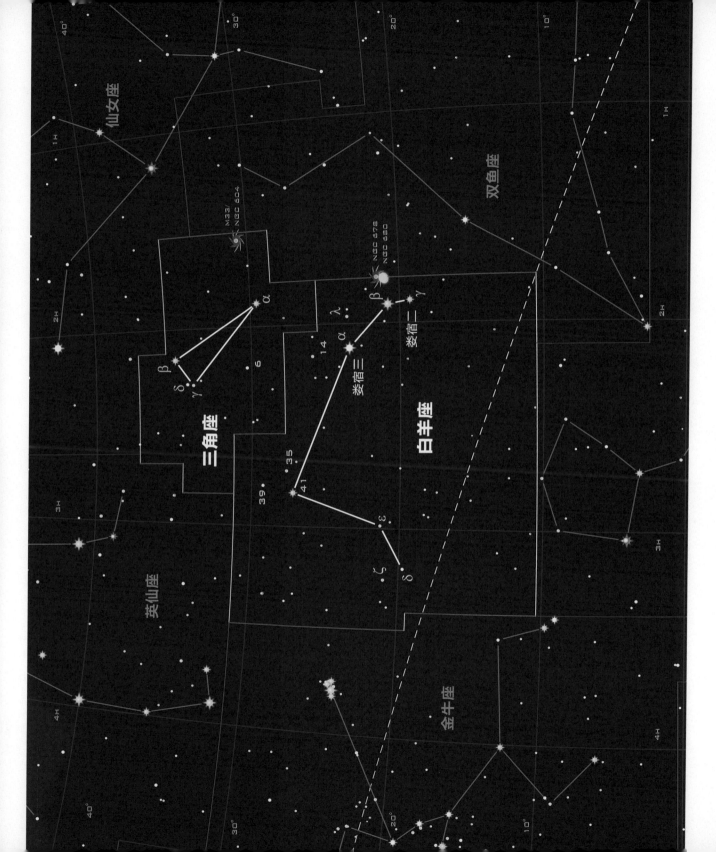

三角座深处

三角星系M33

三角座最值得一提的亮点位于其西侧边缘。M33是仙女大星系M31之外距离我们最近的旋涡星系。与M31不同，M33是正向星系，所以它的旋涡结构非常清晰。正因如此，其光芒弥散在一块比满月还大的天区之内，从而使我们非常难以看到它。在暗黑的环境中，利用双筒望远镜或者低倍望远镜可以看到它的那一团光斑。三角星系暗弱得难以识别，不仅因为观测角度的问题，它相对于M31及银河系来说，确实没有那么壮观。在本星系群中，M33亮度较弱，旋涡结构较松散，被分类为"絮状旋涡星系"，只能在中型望远镜中才得以窥探其细部结构。

赤经：01h 34m，赤纬：+30° 39'

星等：5.7

到地球的距离：2 700光年

红外光中的M33

这是斯皮策空间望远镜拍摄的M31红外波段的影像，这些辐射揭示了那些太暗而不会产生光学辐射的天体。红色区域是波长最长、最冷的射线，蓝绿色区域则是波长较短、较热的射线。三角星系中的恒星（包括我们银河系的前景恒星）显示出蓝色，较冷的星际尘埃则显示出红色。尽管中心的蓝色迷雾尺度与可见光波段的星系大小一致，然而卷曲的寒冷红色气体尘埃则延伸到可见光波段的尺度之外。这些光学波段不可见的物质似乎已经从星系中心区域在向外迁移，但是天文学家目前依旧不太清楚这发生的机制到底是什么。

恒星生成之源 NGC 604

虽然三角座星系缺乏值得一提的恒星生成区，但这里有一些超大恒星的诞生地。NGC 604就是本星系群最大的星云之一。哈勃空间望远镜拍摄的这张照片里，直径覆盖约有1 500光年，其直径是猎户大星云的40倍，其亮度是那些更是猎户大星云的6 000倍。

赤经：01h 34m，赤纬：+30° 47'

星等：14.0

到地球的距离：270万光年

金牛座

金牛座是全天最引人注目的星座之一，位于白羊座之西、双子座之东。金牛座象征着天上一头撞向猎人的牛。这里富集有亮星和深空天体，另外作为黄道星座之一，常有月亮和行星穿行。

金牛座在天赤道稍北一些，全世界大部分地区都能观测到这个星座，它也是秋冬夜晚的标志星座之一。金牛座是少数几个名副其实的星座，其形态像极了一头前侧的斗牛，自古以来就被人们所熟识。

呈V字型的毕星团是牛的脸，稍近一些的红巨星毕宿五则是它的眼睛。另外两颗亮星（其中一颗金牛座 β 星，即五车五，构成御夫座五边形的一颗）是牛角，稍暗的恒星链是牛的前腿，昴星团则是牛的肩膀。

星座简介

名称：金牛座
含义：牛
缩写：Tau
所有格：Tauri
赤经：04h 42m
赤纬：+14° 53'
所占天区：797(17)
亮星：毕宿五（金牛座 α）

金牛之脸

V字形的毕星团是全天著名的星团，足够近可以比较容易得识别出其中的恒星个体，但同时又是够远，能够形成一个独特并且紧凑的恒星组合。一系列的观测证据表明，它距离我们150光年，而更近的五车五只有一半的距离。星团拥有数百颗恒星，都是在约6亿年前形成的。

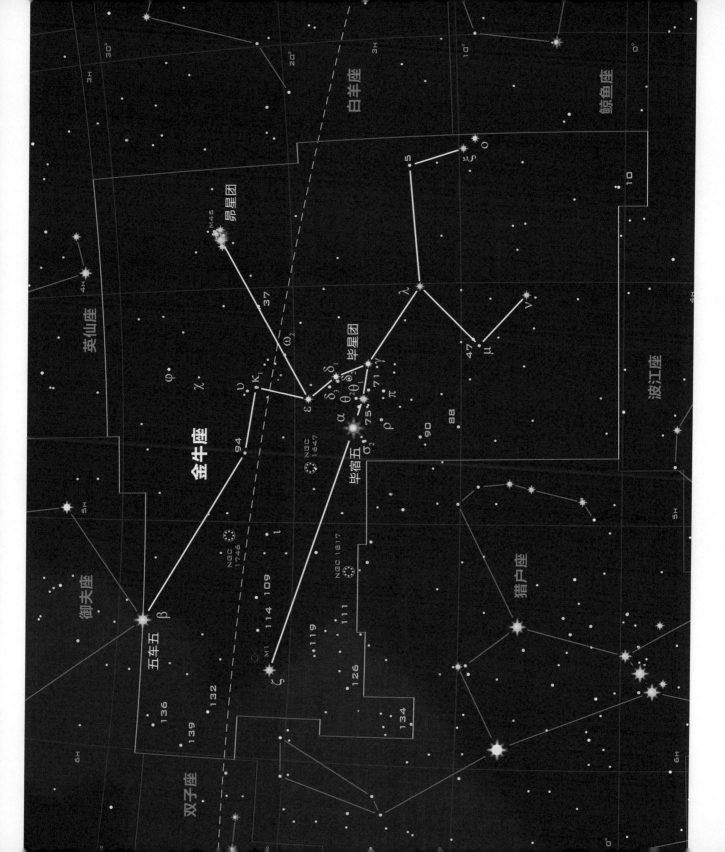

金牛座深处

七姐妹星团

昴星团又称七姐妹星团，名称源于希腊神话中的七姐妹，位于金牛的肩膀处昴星团M45形成一个勾形的形状。虽然肉眼可见，累积星等达到1.6等，但昴星团并不真如1.6星等那样明亮。通常的观测者一般能看到星团中的"六姐妹"，有的视力好的人可以看到第七颗甚至更多的恒星。使用双筒望远镜或者低倍望远镜得以窥见其瑰丽的全貌——在1 000光年尺度上约有至少1 000个颗恒星。

赤经：03h 47m，赤纬：+24° 07'

星等：1.6

到地球的距离：440光年

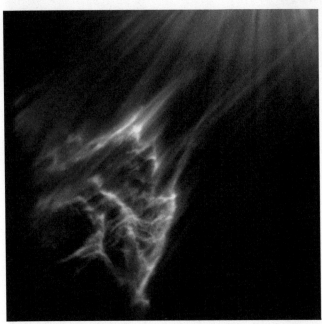

昴宿星云NCG 1435

昴宿星云又叫坦普尔星云，NGC 1435是昴星团附近一个气体尘埃最为密集的区域。得益于昴宿五的反射光，星云发出蓝白光，在夜空中呈现出大约满月大小的光斑。但是，鉴于只有13.0等，它只能在大型望远镜或者长曝光的照片里看到。哈勃空间望远镜的照片（左图）捕获到星云中呈现幻影的最亮部分，那里又被称为IC 349。

赤经：03h 46m，赤纬：+23° 54'

星等：13.0

到地球的距离：440光年

红外光里的昴星团

这个不太常见的昴星团影像来自美国国家航空航天局的斯皮策空间望远镜，它捕捉到了昴星团周围如面纱般气体的密度变化。红色是最为致密的气体云，黄色和绿色则是气体稀薄的外部区域。图中三颗亮星分别是昴宿六（中间）、昴宿四（左上）和昴宿五（右上，在星云致密区域中），图像展示的正是三者周围的景象。不过，昴星团看起来与这些气体并没有关联。其实，那是一块独立的星际气体云区域，年轻的星团刚好碰巧漂移过那里。

金牛座　蟹状星云 M1

蟹云脉冲星 PSR B0531+21

蟹状星云中心位置有一颗快速转动的中子星，就是公元1054年爆发那颗超新星遗留下来的核心部分，中心被压缩成如城市一般的大小。因为坍缩核保持了母星大多数的角动量和磁场，所以它会以极快的速率转动，并把它大多数的辐射沿着磁极在两个很窄的集束范围之内释放出去。这些集束就像宇宙灯塔一样扫过天空，它们会短暂地指向地球，从而产生周期性的射电信号，这种天体就是所知的脉冲星。蟹云脉冲星在可见光和X射线波段都能观测到，下图就是哈勃空间望远镜和钱德勒X射线天文台数据合成的影像。

蟹状星云X射线图景

这张空间望远镜钱德拉X射线天文台拍摄的照片，描绘了蟹状星云脉冲星周围的高能射线分布景象。我们可以清楚地看到，脉冲星本身上侧、下侧形成的两束辐射X射线的粒子喷流，同时，一系列同心波在坍缩的恒星周围泛出X射线波纹。X射线是一种同步加速辐射，由高速运动的电子发出，在能量从脉冲量转移到星云的过程当中，这个喷流被认为起到了非常主要的作用。粒子掉到高速旋转的恒星遗迹中子星上，被加速以后，又将能量输送回周围的星云。

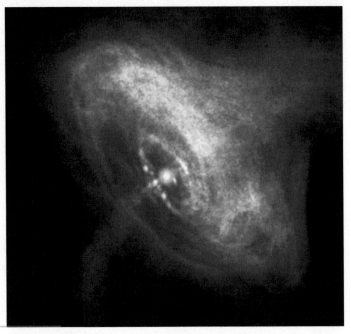

恒星遗迹

蟹状星云亮度8.4等，足够明亮，在双筒望远镜或小型望远镜里就可以看到它的样子，位于金牛座ζ星西北侧（金牛南侧的犄角处）。使用大型设备观测或者在长曝光照片中，它就像一张弥漫开来的气体之网，横跨11光年，是夜空中最值得一提的超新星遗迹。1734年英国天文学家约翰·贝维斯首次记录了蟹状星云，几十年后，法国天文学家梅西叶误将它以为是慧星，列为梅西叶星表中的首个天体。直到1939年，天文学家才开始把它作为超新星遗迹，与公元1054年爆发的超新星记录关联起来。

赤经：05h 35m，赤纬：+22° 01'

星等：8.4

到地球的距离：6 500光年

双子座

北河二与北河三这两颗亮星，将人们的视线吸引到双子座，它正位于黄道星座的巨蟹座和金牛座之间。有些奇怪的是，它似乎与世界很多国家中的孪生双子文化有着紧密联系。在中国的传统文化里，双子座这两颗星还有着平衡阴阳的意味。

古罗马神话中，双子座这两颗亮星与孪生神灵卡斯特与帕勒克有关，他们是罗马帝国的创建者。但是，他们的名字却来自斯巴达王后丽达的孪生儿子，也就是凡人卡斯特和神灵帕勒克，他们后来加入了伊阿宋夺取金羊毛的团队。

北河二是一颗很有名的聚星，距离地球52光年，是肉眼可见的1.6等的星星组合。小型望远镜可以分辨出这对呈现出蓝白颜色的恒星系统，它们的星等分别是1.9等和2.9等，在距离更远处还能发现一颗9.3等的红矮星。这每颗星都是一个双星系统，只是在观测中不容易分辨出来。尽管北河三被命名为双子座 β 星，但其实它是这个星座中更亮的一颗，为1.2星等。与北河二不同，这是颗单独的橙色巨星，距离地球34光年。

星座简介

名称：双子座
含义：双胞胎
缩写：Gem
所有格：Geminorum
赤经：07h 04m
赤纬：+22° 36'
所占天区：514(30)
亮星：北河三（双子座 β）

爱斯基摩星云

爱斯基摩星云是个复杂的行星状星云，编号NGC 2392，在小型望远镜里就可以看到它。爱斯基摩星云位于双子座 δ 星西南侧，距离地球3 000光年，亮度10.1等。除了盘状外形，另一个有趣之处是，星云实际上包含了两个从中心垂死恒星抛射出来的瓣状物质，一个朝向我们，另外一个则在相反的方向。

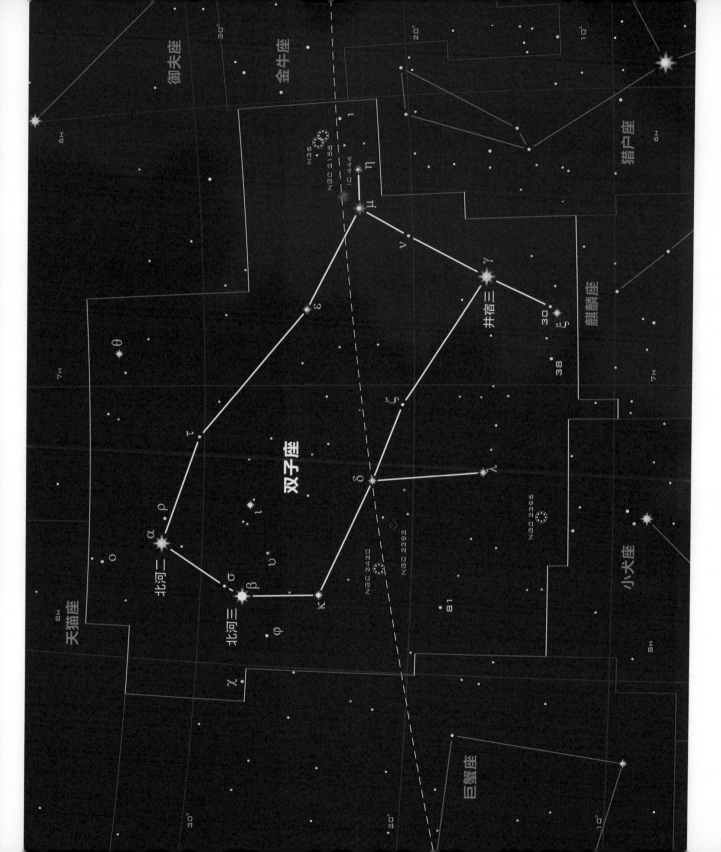

巨蟹座

巨蟹座是黄道星座中最黯淡的星座，在中世纪因其默默无闻而被看作是"黑暗的标志"。寻找它最好的方法是通过亮星更多的狮子座和双子座。星座中心位置的蜂巢星团 M44，是距离地球最近的疏散星团之一。

尽管其黯淡，巨蟹座自古以来就与螃蟹联系在一起。其起源不曾追究，不过希腊人把他看作赫拉克勒斯与天龙战斗时脚下被碾碎的螃蟹。而在埃及，人们把它看成神圣的圣甲虫。

尽管柳宿增三被命名为巨蟹座 α 星，但它是星座里第四亮星，亮度 4.3 等。使用中型望远镜可以看到一颗白色恒星，距离地球 174 光年，还有一颗 11.9 等的伴星。巨蟹座 ς 星是一颗合四星，在小型望远镜里可以看到它的两个成员，分别为 5.1 和 6.2 星等。中等的设备发现较亮的成员其实是两个差不多一样的恒星构成的双星系统，而专业的设备可以看到较暗的成员其实有一个暗的红矮星伴星。

星座简介

名称：巨蟹座
含义：螃蟹
缩写：Cnc
所有格：Cancr
赤经：08h 39m
赤纬：+19° 48'
所占天区：506(31)
亮星：柳宿增十（巨蟹座 β）

蜂巢星团 M44

巨蟹座里名声最大的就是星团 M44，又叫蜂巢星团、鬼星团。它包含 200 多颗恒星，视直径约三倍满月大小，位于 580 光年之外，肉眼可见。伟大的意大利天文学家伽利略利用其自制的望远镜，早在 17 世纪就识别出了其中的单独恒星个体。

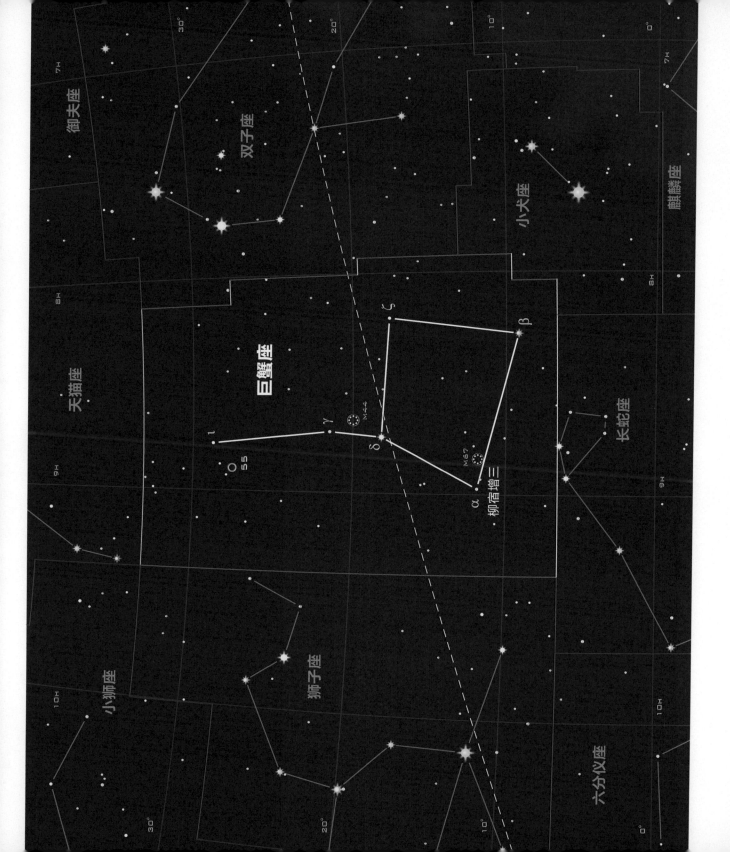

狮子座和小狮座

狮子座是黄道星座中最容易被识别出来的星座之一。神话里，它是被大英雄赫拉克勒斯杀死的狮子尼米安。狮子座是少有的外形与名字名副其实的星座。但遗憾的是，近邻的小狮座并不如此。

世界上几乎所有文化都将这个星座想象成狮子（中国的天文学家将其看成大马：轩辕）。它作为12项任务之一，是被赫拉克勒斯杀死的狮子尼米安。星座前侧弯曲的大弧线组成了著名的"狮子座镰刀"。在星座底部是其亮星轩辕十四，英文原意是"小国王"。这个明亮的白星亮度1.35等，距离地球77光年。它有两个伴星在相当远的距离处绕其运动，在小型望远镜中可以看到较亮的那颗。轩辕十四几乎位于黄道之上，月亮和行星偶尔会从它前面经过，产生美妙的掩星现象。

与狮子座不同，小狮座则显得暗弱一些，并且没有明显的形状。由17世纪由波兰天文学家赫维留后来创立并添加进来的。

星座简介

名称：狮子座 / 小狮座
含义：狮子 / 小狮
缩写：Leo/LMi
所有格：Leonis/Leonis Minoris
赤经：10h 40m/10h 15m
赤纬：+13° 08'/+32° 08'
所占天区：947(12)/232(64)
亮星：轩辕十四（狮子座 α）/势四（小狮座46）

希克森星系群44

希克森致密星系群44位于狮子座 γ 星和 ζ 星间狮子脖子的区域，这是一个由4个星系构成的小星系团，距离地球6 000万光年，它们被引力吸引在一起。其中最亮的是侧向旋涡星系NGC 3190和椭圆星系NGC 3193两个都在（左上角），利用小型业余望远镜就可以看到它们。

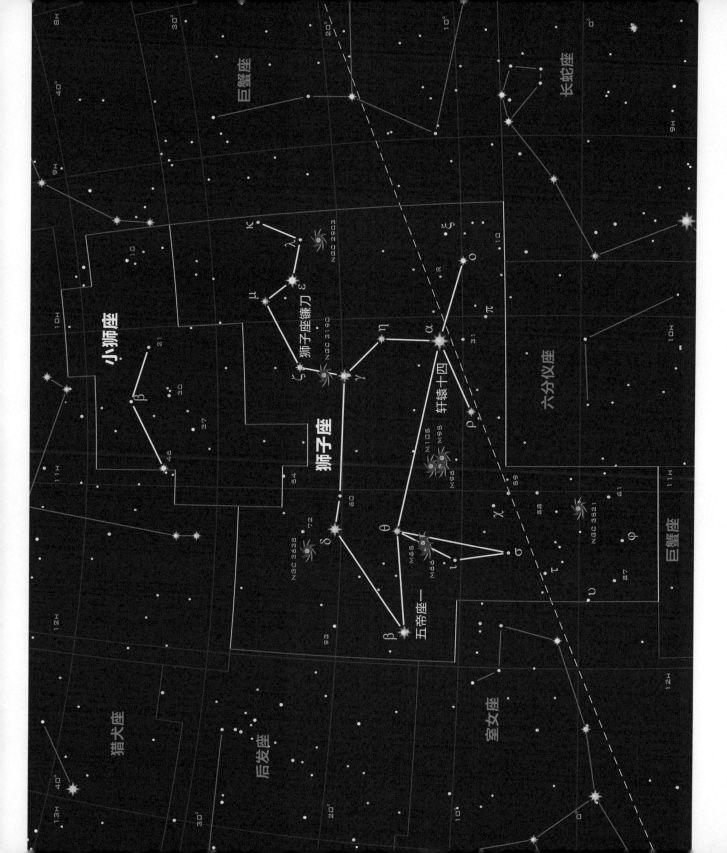

狮子座深处

棒旋星系 M95

这个小巧精致的旋涡星系是狮子座 I 星系群成员之一，位于狮子座南侧半个身长的距离。它是一个非常极端的棒旋星系的例子，星系核将中心的棒状结构联了起来，并且向外延伸到了旋臂，在中心核的周围有一个核周环，它是一个直径达到 2 000 光年的恒星形成的环状区域。银河系似乎也有棒状结构，被认为也存在一个同样的核周环。

赤经：10h 44m，赤纬：+11° 42'　　　　　星等：11.4

到地球的距离：3 800 万光年

侧向星系 NGC 3628

这个非棒状的旋涡星系，侧向我们，与星系 M65、M66 共同构成狮子座三重奏星系群。在小型望远镜里，这个星系看起来像是一条模糊的光带，在大型设备中可以看到一条暗尘带，它其实是旋臂的外边缘，这条尘埃带一直延伸到了星系的尺度上。尽管在幅图当中看不见，但确实有一个潮尾从星系一侧一直延伸到超过 30 万光年的地方，进入星系际空间。

赤经：11h 20m，赤纬：+13° 35'　　　　　星等：9.4

到地球的距离：3 500 万光年

不甚完美的旋涡星系 M96

狮子座I星系群里最大、最亮的成员就是M96，双筒望远镜中看不到它的身影，在小型望远镜里也只能刚刚分辨出来。与其完美的邻居M95相反，它有着暗弱扭曲的旋臂、移位的中心核及不对称的气体尘埃带。值得一提的是，从这张欧南台甚大望远镜的照片中，可以看到M95位于一个包含左上方那个侧向星系的更加遥远星系团的前面。

赤经：10h 47m，赤纬：+11° 49'

星等：10.1

到地球的距离：3 200万光年

扭曲而美丽的 M66

狮子座最值得一提的星系就是M66，它是狮子座三重奏中最大、最亮的成员，依偎在狮子后肢狮子座ς星身旁。这个星系直径9.5万光年，大小与银河系一样，因为与其星系邻居相遇，导致星系盘和旋臂发生了扭曲。星系的很多质量集中在中心核的附近，显然，星系核还是从旋臂的几何中心被拉地偏离了。

赤经：11h 20m，赤纬：+13° 00'

星等：8.9

到地球的距离：3 500万光年

后发座

虽然肉眼很难辨认出后发座，但这个星座在暗黑的夜空或者双筒望远镜里看起来还是十分漂亮的。这里是距离地球最近的星团所在地，因为不在银盘方向上，所以遥远的星系受到的尘埃消光效应最小。

　　后发座是少有的为纪念历史人物而不是神话传说命名的星座。埃及王后伯伦尼斯是公元前3世纪埃及国王托勒密三世的妻子，她向阿佛洛狄忒承诺，愿意剪掉自己宝贵的长发换回丈夫一次远征的安全返回。当托勒密如愿返回的时候，天空中这片星星就是用来纪念她的贡献。

　　后发座 α 星（太微左垣五），是一颗4.3星等的黄白星，距离地球47光年，比 β 星稍暗一些。在大型望远镜中，它是一个两颗恒星质量相当的双星系统，二者以26年的轨道周期相互绕转。除了附近的后发星团Melotte 111，后发座的这块天区相对比较空，从而可以看到遥远的著名后发星系团。

星座简介

名称：后发座
含义：头发
缩写：Com
所有格：Comae Berenices
赤经：12h 47m
赤纬：+23° 18'
所占天区：386(42)
亮星：后发座 β

黑眼睛星系

M64是一个临近的、独立于与室女座和后发座星系团的星系，位于2 400万光年之外。它有复杂的结构，比如令其面貌模糊的厚重尘埃带、内外区域自转方向相反，等等。这些特征表明，M64曾经在10亿年前吸收了一个小型的卫星星系，激发了自身的恒星生成区域。

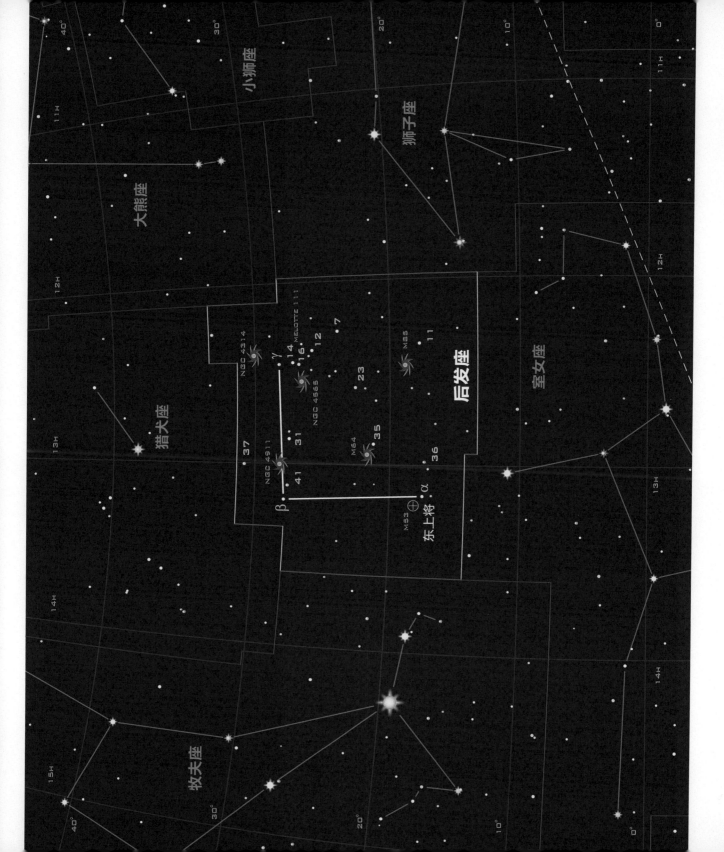

后发座深处

出人意料的旋涡星系 NGC 4911

在这张哈勃空间望远镜的美丽照片中，NGC 4911是后发星系团中心区域的一个巨大的正向星系，距离地球约3.2亿光年。NGC 4911略显神秘，从旋臂上强烈的粉红色星云，很明显地可以看出它具有相当强的恒星形成活动。这种活动在一个大的星系团中心区域并不常见，因为星系间的碰撞和彼此靠近很容易将恒星形成的物质从星系里剥离出去。

赤经：13h 00m，赤纬：+27° 47'

星等：12.8

到地球的距离：3.2亿光年

针状星系 NGC 4565

这个完美的侧向星系位于后发星团 Melotte 111 中间区域，也是独立于与室女座和后发座星系团的星系。1785年这个星系由赫歇尔首次发现，被认为是棒旋星系，中心的棒状结构由于观测角度而被隐藏不见。针状星系亮度10.4等，在小型望远镜中可见，在中型望远镜中可以看到暗尘带沿着银盘并且穿过中心的核球。

赤经：12h 36m，赤纬：+25° 59'

星等：10.4

到地球的距离：4 000万光年

恒星诞生之环 NGC 4314

这是一个不常见的棒旋星系，最近正在经历恒星形成大爆发。可以通过中心核周围的亮环追踪到也就是哈勃空间望远镜照片中的蓝色和紫色部分。这个直径约1 000光年的环状结构上点缀着明亮、年轻又致密的蓝色星团；而紫色区域是恒星形成区的炽热氢气。

赤经：12h 22m，赤纬：+29° 53'

星等：11.4

到地球的距离：4 000万光年

后发星系团

后发座的南部区域是很多室女座星系团的星系成员聚居地，而星系北部区域是后发座自己的星系团所在地。后发座星系团距离更远，大约3.2亿光年。最亮的NGC 4872和NGC 4889，都是巨椭圆星系，它们位于拥挤的星系核区域，通过合并和吸收邻近的卫星星系而形成的。这张假彩色照片合成的是蓝色的可见光波段和红、绿色的射线波段数据。

赤经：13h 00m，赤纬：+27° 58'

星等：11.4

到地球的距离：3.2亿光年

室女座

室女座是全天第二大星座，拥有亮星角宿一（室女座 α 星）。它是全天排名15的亮星，亮度为1.0等。室女座蕴藏着大量的深空宝藏，尤其是众多邻近的星系。

　　室女座自古就被看成是丰收与收获之神。古巴比伦天文学家把这里想象成手持麦穗的少女形象。希腊人则将其看成是众神之王宙斯和农业女神德墨忒尔的女儿珀尔塞福涅，同时也看作手持戒尺（天秤）的正义之神狄克。

　　角宿一距离黄道很近，也是一个聚星系统。最亮双星的累积星等为1.0，是一对炽热的蓝白星，距离地球260光年，轨道周期仅有4天。因为二者距离太近，我们在大型望远镜里也分别不出来。室女座 γ 星则相反，它是一对黄白星，小型望远镜中就可以看到。

星座简介

名称：室女座
含义：贞女
缩写：Vir
所有格：Virginis
赤经：13h 24m
赤纬：−04° 10'
所占天区：1 294(2)
亮星：角宿一（室女座 α）

星系团

室女座北部是距离地球最近的星系团所在地，中心处距离地球约5 400万光年。本质上，星系都会聚集成群，室女座星系团包含了几十个主要的旋涡星系和椭圆星系，中心的巨椭圆星系是M87，如左图所示。

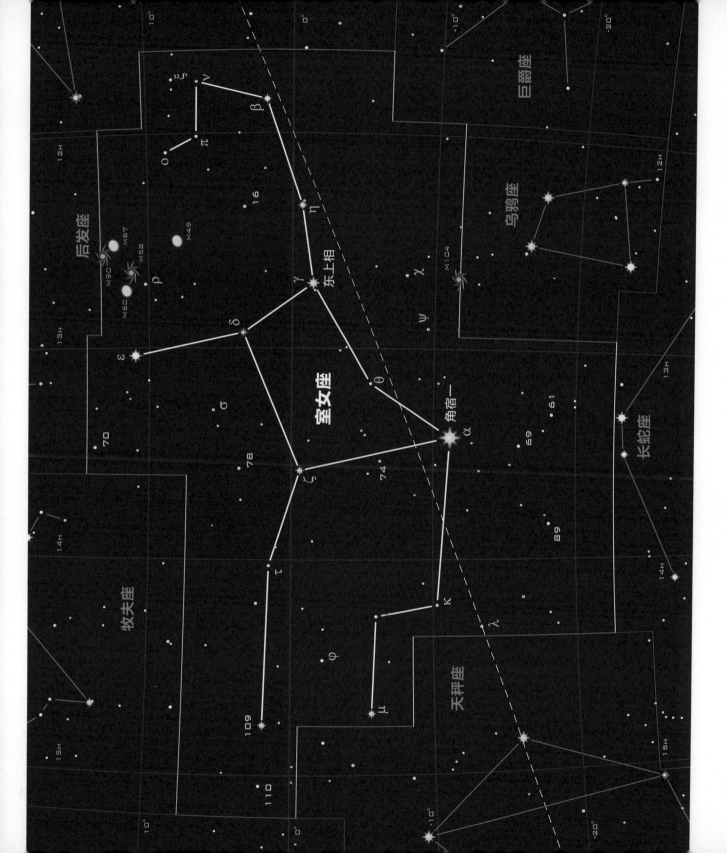

室女座星系团

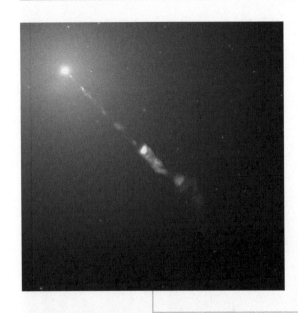

M87

室女座星系团中心区域的巨椭圆星系M87，是此类星系中距离地球最近的一个。在小型望远镜里看起来更像是一个球状星团，但实际上它却是已知最大星系中的一个。M87中心区直径约16万光年，那里拥挤着一万亿颗恒星，更多的恒星在星系晕中，从中心一直延伸到25万光年处。射电信号和来自于中心核的喷流物质表明M87星系核处于活跃状态：超大质量黑洞从其周围吸积着物质。哈勃空间望远镜的照片揭示了深陷M87其中一个被吞噬星系的尘埃结构，或许就是这些物质导致了目前星系核的活动。

赤经：12h 31m，赤纬：+12° 24'

星等：8.6

到地球的距离：6 000万光年

M58

距离地球6 800万光年的棒旋星系M58，位于室女星系团远端一侧，是全天最亮的星系之一。在小型望远镜可以看到其明亮的中心核，但把它从附近椭圆星系区分开来还是有一定困难。大型望远镜中可以看到它的旋臂结构。斯皮策空间望远镜的红外图像中，我们能够清晰地分辨出星系核、棒状结构、星系盘周围散落的那些成熟的恒星（蓝色），以及旋臂附近恒星形成区的气体尘埃（红色）。

赤经：12h 38m，赤纬：+11° 49'

星等：9.7

到地球的距离：6 800万光年

中心区域

这张马赛克拼接的图像展现了室女座星系团广大的区域，相当于12倍满月大小，有两个明显的星系集中地。左下侧巨椭圆星系M87周围聚集着很多星系团，右上侧星系聚集在相对比较小的椭圆星系M86和M84周围。第三个聚集地没在照片上，中心点是巨椭圆星系M49。这三个部分正处于合并生成一个巨星系团的过程中。所有星系团都会经历这个过程，根据这个现象，天文学家才得以估算它们的年龄。

赤经：12h 30m，赤纬：+08° 00'

星等：9.4

到地球的距离：6 800万光年

室女座　草帽星系 M104

凸显的环

这是来自哈勃空间望远镜的影像，在明亮的星系核映衬下，草帽星系外围尘埃带轮廓显得异常清晰。草帽星系 M104 直径大约5万光年，相当于银河系星系盘的一半。它距离地球2 800万光年，是我们夜空中最亮的星系之一。使用小型望远镜或者双筒望远镜就看到它的身影，使用大型望远镜观测或者在长曝光的照片中，能够看到更多细节，比如星系核边缘，以及尘埃带。

嵌入式星盘

这个特别的星系位于室女座南侧边缘，是独立于室女座星系团之外的星系，星系距离地球2 800万光年。看起来像一个有明亮星系盘的椭圆形的恒星球，在哈勃空间望远镜和斯皮策空间望远镜的合成影像中更加清晰。环状结构包括一个合成的寒冷的尘埃带（红色），还有大量冷原子和电离氢气——这是给恒星形成提供能源的基本物质。相比之下，星系核心区却缺乏这种物质，因此也没有恒星形成的信号。

赤经：12h 40m，赤纬：−11° 37′

星等：9.0

到地球的距离：2 800万光年

X射线影像

这张照片由美国国家航空航天局的钱德拉X射线天文台高能射线波段和哈勃空间望远镜可见光波段的数据合成。X射线与剧烈的物理过程和极端天体相关联，通常位于黑洞周围。草帽星系的晕弥散着许多X射线源，而核心的区域发出非常明亮的辐射，那里被认为是超大质量黑洞潜伏的地方。相比较类星体、赛弗特星系等更为剧烈的天体，这个活动星系核就要温柔好多，所以这个黑洞在很慢地吸积气体。

天秤座

这个黯淡的星座位于室女座角宿一和天蝎座心宿二之间。最亮的氐宿四只有2.6等。作为黄道十二宫里唯一不代表生灵的星座，它经常与更亮的近邻星座一并被人们提到。

古时候，天秤座其实并不存在，那里更多被看成是邻近天蝎座那只大蝎子的爪子。公元前1世纪，天秤座成为独立的星座，那时它的位置已经移到了室女座附近。现在，它被想象成代表公平意义的天秤，看起来像正义女神的室女将它举在空中。

氐宿增七（天秤座 α 星）是颗远距双星，双筒望远镜中就很容易区分开来：一颗是2.2等，一颗是5.2等。二者距离地球都是77光年，以200 000年的轨道周期绕转。明亮的主星本身也是一个双星系统，即使利用最大的望远镜也区分不开。氐宿四（天秤座 β 星）是夜空中少有的呈现绿色的恒星之一。

星座简介

名称：天秤座
含义：秤
缩写：Lib
所有格：Librae
赤经：15h 12m
赤纬：−15° 14'
所占天区：538(29)
亮星：氐宿四（天秤座 β）

格利泽581

格利泽581是位于天蝎座 β 星东北方向的红矮星，距离地球22光年，是已知最近的系外行星系统之一。2005年曾经在这个系统里发现了一颗海王星大小的系外行星，之后至少发现了少则2颗到多至5颗的系外行星。格利泽581c是与地球最相似的系外行星之一，格利泽581d的轨道处于宜居带中，从而液态水可以在其表面长存。

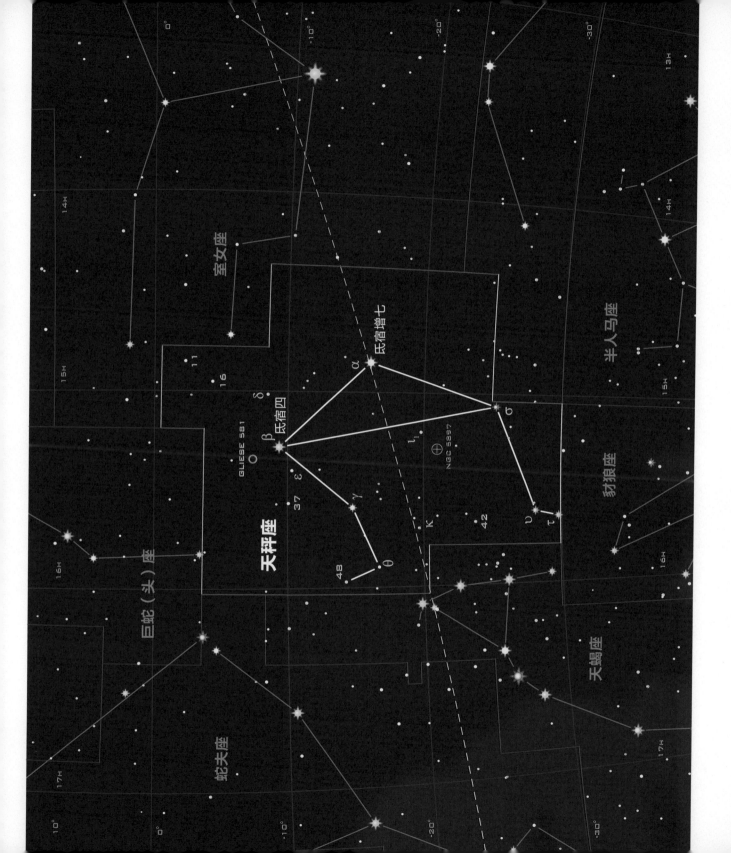

巨蛇座

巨蛇座是全天唯一被分成两个部分的星座，一部分是巨蛇的头，另一个部分是巨蛇的尾，二者之间是另一个大型的星座：蛇夫座。蛇夫座最亮的星有时被认为是蛇的脖子，有时被认为是蛇的心脏。

这片天区自古被看成是战斗巨龙的形象。古希腊天文学家则将它看成医药主神阿斯克勒庇俄斯所持的一条温柔善良的蛇。巨蛇座尾部区域拥有众多银河系内的深空天体，包括著名的鹰状星云、M16星团和创生之柱。

巨蛇座 α 星（天市右垣七），位于巨蛇脖子部位，是一颗距离地球73光年、亮度2.6等的橙色巨星。巨蛇座δ星是一个聚星系统，包括一对稍暗的双星（分别是4.2等和5.2等），以及一对更暗的红矮星，只有在大型望远镜里才能看见它们。

星座简介	
名称：巨蛇座	
含义：大蛇	
缩写：Ser	
所有格：Serpentis	
赤经：16h 57m	
赤纬：+06° 07'	
所占天区：637(23)	
亮星：天市右垣七（巨蛇座 α ）	

巨蛇南端

致密的尘埃云令巨蛇尾部南侧的银河系略显黯淡，那里也是天鹅座大裂缝的所在。2007年，科学家利用斯皮策空间望远镜的红外观测数据冲破了尘埃带的阻隔，发现那里隐藏着一个年轻的星云。南巨蛇星团，包括约50颗恒星，延展范围大约5光年，距离地球850光年，很多还处在恒星形成阶段。

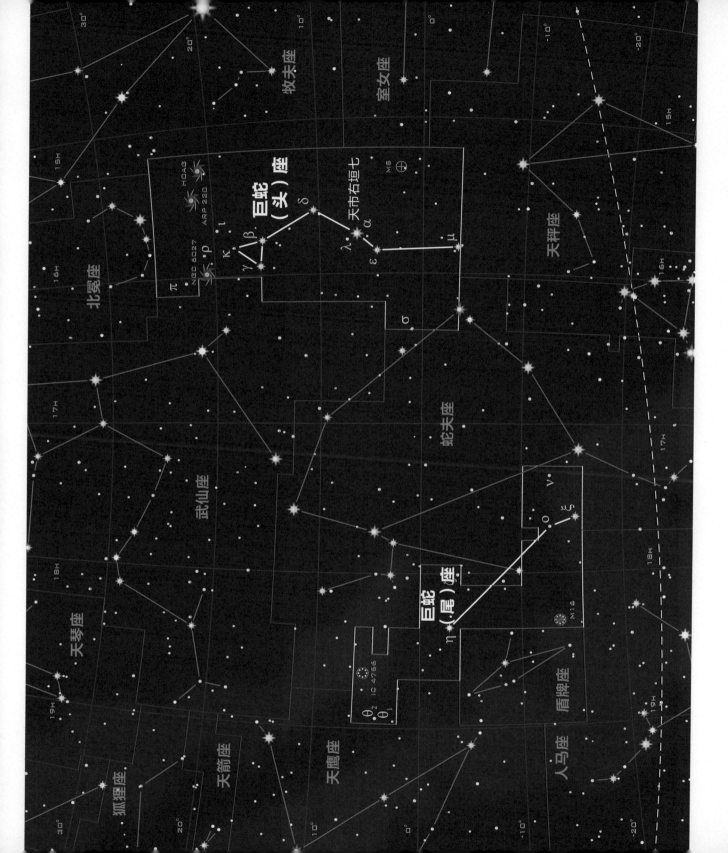

巨蛇座深处

霍格天体

1950年，美国天文学家亚特·霍格偶然发现了这个被称为"天空车轮"的天体，它位于巨蛇头的西北处。当时，霍格并不能确定这到底是一个邻近的行星状星云还是一个不寻常的遥远星系。最近的观测表明，这个霍格天体是一个环状星系，距离地球8亿光年。在此之后，人们也发现了一些其他的环状星系，但是这些星系通常都可以归因于与一个小型星系的碰撞，碰撞所产生的激波导致了一个恒星形成的圆环。但是霍格天体并不是这样，它的形成似乎没有这样一个碰撞合并的过程。对此，天文学家依旧十分迷惑它的起源。

赤经：15h 17m，赤纬：+21° 35'　　　　　　　　　星等：0.3~1.2变
到地球的距离：8亿光年

梅西叶天体M5

M5横跨巨蛇座和蛇夫座，刚好肉眼可见，是夜空中最亮的球状星团之一。在双筒望远镜里，它看起来好像一团毛茸茸的亮星，小型望远镜里就可以看到星团外围的单颗恒星。M5横跨165光年，包含了几十万颗恒星，或许多达50万颗。它也是迄今为止发现的最老的球状星团之一，约有130亿年，富含"天琴座RR"型变星，可以用来精确地测量距离。

赤经：15h 19m，赤纬：+02° 05'　　　　星等：5.6
到地球的距离：24 500光年

阿尔普220

这个形状怪异的天体之所以被人知晓，是因为它被收录在了美国天文学家哈尔顿·阿尔普1966年出版的《特殊星系图》一书中。阿尔普在书中收录了338个星系，它们都因为自身的特殊结构而无法被纳入常规的旋涡、椭圆和不规则星系中。在之后的几十年中，进一步的观测表明它们实际上是碰撞星系对空间卫星的观测数据表明它们有着不同寻常的特征。以阿尔普220为例，它能够释放大量红外辐射。一般认为，这是由于星系碰撞合并过程中大规模的恒星形成大爆发所产生的。

赤经：15h 34m，赤纬：+23° 30'　　　　　　　　　星等：13.9
到地球的距离：2.5亿光年

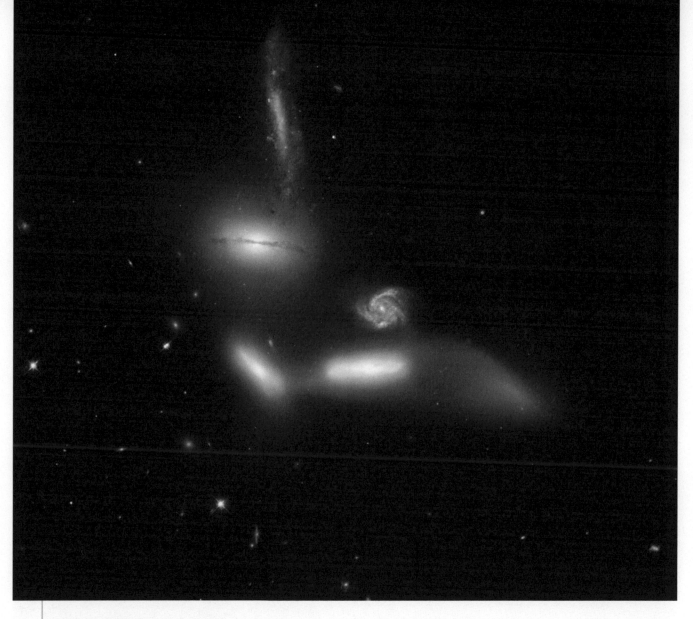

赛弗特六重星系 NGC 6027

位于蛇夫座头部的致密星系群是在20世纪40年代末由美国天文学家卡尔·赛弗特发现的，起初认为它包含了六个星系。不过，最近研究表明，其中小的那个正向旋涡星系比其他的五个要远得多。位于右下角弥散、模糊的天体是从相互作用星系中的一个上撕扯下来的物质所产生的潮汐尾。另外几个星系也令人印象深刻，四个星系（包括三个侧向星系，以及中间一个拥有明显尘埃盘的椭圆星系）拥挤在只有10万光年的天区内。

赤经：15h 59m，赤纬：+20° 45'

星等：14.7

到地球的距离：1.9亿光年

巨蛇座　鹰状星云 M16

鹰状星云 M16

M16星团亮度6.4等，嵌在壮观的恒星形成区鹰状星云之中，正好位于肉眼可见极限，可以用双筒望远镜或者小型望远镜看到。M16非常年轻，只有500万年。1745年，瑞士天文学家德塞瑟发现了这个星团，19年之后，梅西叶进而发现了周围的星云。从照片看来，星云的景象十分迷人。如果要发现更多细节，还需要通过大型望远镜设备。

赤经：18h 19m，赤纬：−13° 47'

星等：6.4

到地球的距离：7 000光年

创生之柱

1995年，哈勃空间望远镜在鹰状星云中心区域拍摄到这张颇具神圣意味的照片，包含了几个致密的恒星形成柱状物。它为天文学家展示了恒星形成区前所未有的细节，有了"创生之柱"的美称。在照片中，每根柱子长达4光年，密度很高，如同一道云墙，能够抵抗来自M16中的恒星辐射压。而在每一个尘埃柱的内部，都有许多独立的气体团，密度在不断增加，同时伴有自身引力的增强，能够让他们不断吸收周围的物质，最后发展成为新诞生的恒星。

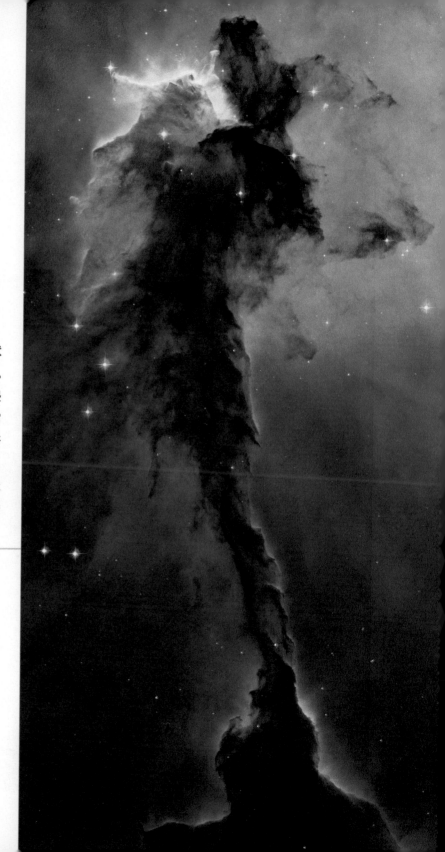

尖塔

2005年，天文学家利用哈勃空间望远镜研究鹰状星云另一个亮点——更高更细的柱子，昵称尖塔。尖塔很快地不断被周围新生恒星产生的辐射所侵蚀，激发了围绕在星云周围的别样光辉。位于富含氢的柱状物里的致密团块或许能够继续产生新的恒星，但是随着形成恒星的原初物质被剥离，恒星的形成也会逐渐停滞。所以星云中的第一代恒星在获取物质过程中有着先天的优势，会剥夺后代恒星可利用的资源。

蛇夫座

这个大型的赤道星座虽然没有特别的多亮星，却很容易被识别出来，因为它位于牛郎星（天鹰座）和大角星（牧夫座）之间，天蝎座大火星的正北处。值得一提的是，蛇夫座中的巴纳德星是第二接近地球的恒星系统，距离地球仅5.9光年。

其实，蛇夫座与巨蛇座是融为一体的，它从巨蛇中间穿过。尽管这个星座通常被描述为一个与蛇搏斗的巨人，但是自罗马时代就将其看成是医药神阿斯克勒庇俄斯——一个人身缠巨蛇的形象。由于岁差的原因，如今的黄道从蛇夫座经过，蛇夫座就成了人们所说的"黄道第十三星座"，月亮和行星也常常会出现在这里。

星座简介

名称：蛇夫座
含义：The serpent bearer
缩写：Oph
所有格：Ophiuchi
赤经：17h 24m
赤纬：−07° 55'
所占天区：948(11)
亮星：候（蛇夫座 α）

星座中的最亮星，中文名是"候"，一颗亮度为2.1等的白变星，它距离地球47光年。这是一个双星系统，但我们观测不到它的伴星。蛇夫座 ρ 星是一个美丽的四合星，亮度4.6等，镶嵌在一片星云之中，这片星云就是诞生这些恒星的温床。

M9

蛇夫座包括很多球状星团，M9是其中最亮丽的一个。M9在1764年被发现，它靠近我们星系的中心区域，距离地球25 800光年，亮度8.4等。所以我们只能在望远镜里看到它，但是看起来很漂亮。

蛇夫座深处

龙虾星系 NGC 6240

2008年，哈勃空间望远镜拍摄了这张照片，其中的天体看上去匪夷所思，这主要是由于3 000万年前的一次星系碰撞合并导致的，这个过程还将持续1亿年。X射线波段的图像显示，其中存在两个明显的中心核，两个相距3 000光年的巨型黑洞，它们彼此注定碰撞并且合并。这个星系释放出大量的红外辐射（或者热），比预期的多出好多，这可能是因为恒星加速形成而产生的，或是源自其中活跃的黑洞。

赤经：16h 52m，赤纬：+02° 24'

星等：12.8

到地球的距离：4亿光年

巴纳德星蛇夫座 V2500

蛇夫座巴纳德星是一颗微不足道的红矮星，但因其距离地球很近（5.9光年），以及移动迅速（又称"飞星"）而著名。巴纳德星具有最高的自行速度，结合我们太阳系与之相反的运动方向，使得这颗恒星每180年可以移动半度（一个满月直径）。图表（右侧）标注了它的位置和移动方向。尽管它很近，巴纳德星一直到1916年才被美国天文学家E.E.巴纳德发现。

赤经：17h 58m，赤纬：+04° 42'

星等：9.5

到地球的距离：5.9光年

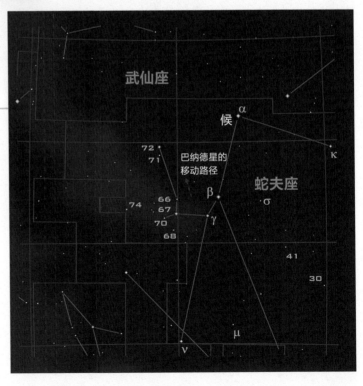

蛇夫座 ρ 星

这颗星虽然看起来并不显眼，但如果用小型望远镜或者双筒望远镜看的话，蛇夫座 ρ 星是一颗非常漂亮的聚星，中心星亮度5.0等，还有5.9等、6.7等和7.3等的三颗伴星。所有伴星都呈现蓝白色，也都是年龄只有几百万年的年轻恒星，它们仍然停留在诞生地。在长曝光照片中，整个区域弥漫着发光的气体云和轮廓清晰的尘埃柱，蛇夫座 ρ 星被周围的蓝色星云包围着，左下橙色云气中的亮星则是著名的大火星。

赤经：16h 26m，赤纬：−23° 27'

星等：4.6

到地球的距离：395光年

天鹰座和盾牌座

这是两个很容易识别的星座，因为它们就坐落在明亮的牛郎星附近。对于北半球的人来说，牛郎星与织女星、天津四共同构成了著名的"夏季大三角"。南半球的观星者，则可以从人马座的北侧去寻找它。

早在公元前4世纪，天鹰座就被看成一只夜空之鹰，常常与宙斯的雷电鸟或宙斯本身相提并论。在神话中，宙斯化身成一只大鹰，劫持了少年盖尼米得去做酒侍。盾牌座是1684年赫维留创立的，代表波兰国王约翰·索比斯基三世的盾牌。天鹰座 α 星（中文名牛郎星或河鼓二），亮度0.8星等，是全天第12亮星。牛郎星距离地球17光年，是少有的能够直

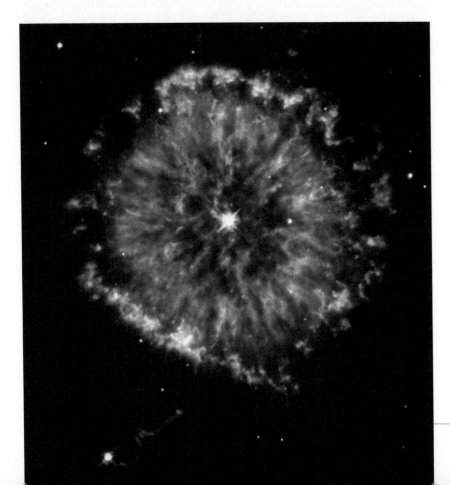

星座简介

名称：天鹰座/盾牌座

含义：老鹰/盾牌

缩写：Aql/Sct

所有格：Aquilae/Scuti

赤经：19h 40m/18h 40m

赤纬：+03° 25'/−09° 53'

所占天区：652(22)/109(84)

亮星：牛郎星（河鼓二，天鹰座 α ）/
盾牌座 α

接观测到其表面的恒星。这颗恒星的赤道部分突出，表明这颗年轻的白星自转非常快。盾牌座 α 星是一颗橙巨星，亮度3.8等，距离地球174光年，即使身处银河系亮星之中也很显著。盾牌座包括M11，即野鸭星团，是银河系最漂亮的星团之一。

NGC 6751

NGC 6751是个有趣又有挑战性的行星状星云，它位于天鹰座西南侧的 λ 星附近。星云亮度11.9等，距离地球6 500光年，直径约0.8光年。它的结构非常复杂，这是中心炙热恒星所产生的快速膨胀的气体与几千年前抛射出去的较冷物质相互碰撞而形成的。

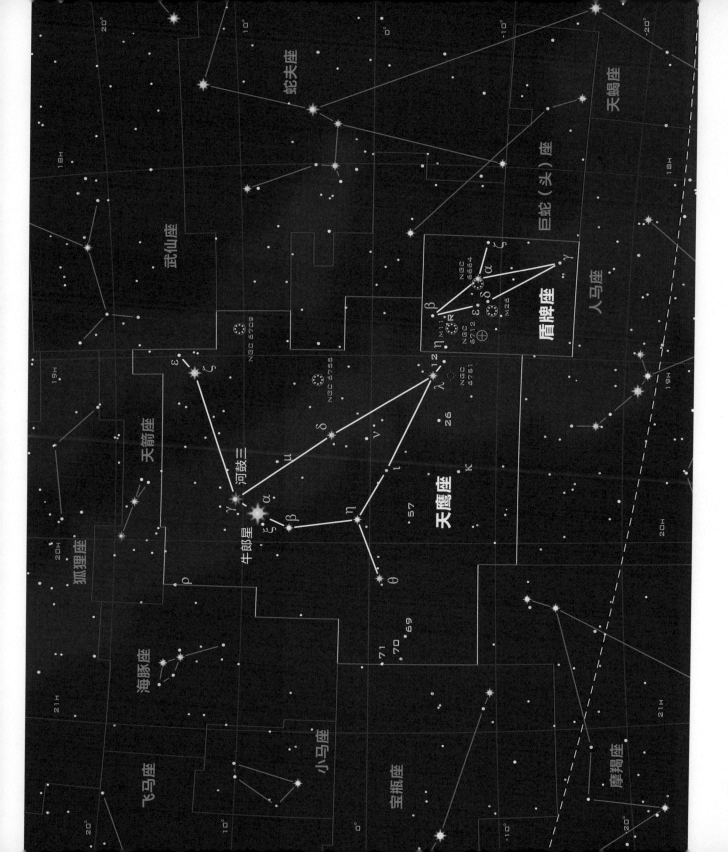

海豚座和小马座

这是两个精巧的星座——钻石形状的星座像是一只跳跃的海豚；倾斜的长方形则是小马的头部，它们位于飞马四边形的西南侧。海豚座中四颗最亮的恒星形成一个钻石状的图案，这图案又被称为"约伯的棺材"。

　　海豚座虽然小而且简单，但它的形象确实名副其实。传说中，海豚座是天神波赛冬的仆人，被派往失事的船骸上去营救古希腊传说中的诗人阿里昂。星座中最亮的恒星是3.6星等的 β 星，而 α 星亮度稍次之，为3.8星等，二者都是双星，使用业余设备无法分辨它们的伴星。海豚座 γ 星则不然，我们能够很容易观测到它们：4.3星等的橙黄色主星和5.1星等的伴星，但是不能区分伴星到底是白色、蓝色或是绿色。仅从形态上，小马座看不出与任何品种的马有什么关系，只是被简单得看作是一个马头部分。尽管不是很像，这个星座可以追溯到古时候，现在时常与飞马座的弟弟小马克勒利斯联系在一起。

星座简介

名称：海豚座 / 小马座

含义：海豚 / 小马

缩写：Del/Equ

所有格：Delphini/Equulei

赤经：20h 42m/21h 11m

赤纬：+11° 40'/+07° 45'

所占天区：189(69)/72(87)

亮星：瓠瓜四（海豚座 β）/虚宿二（小马座 α）

遥远的巨兽

球状星团 NGC 6934 位于海豚座南侧，1785 年由德国出生的英国天文学家赫歇尔发现。星团亮度8.8等，距离地球5万光年，用双筒望远镜比较难以观测，使用小型天文望远镜设备观测它，倒是很容易看到。

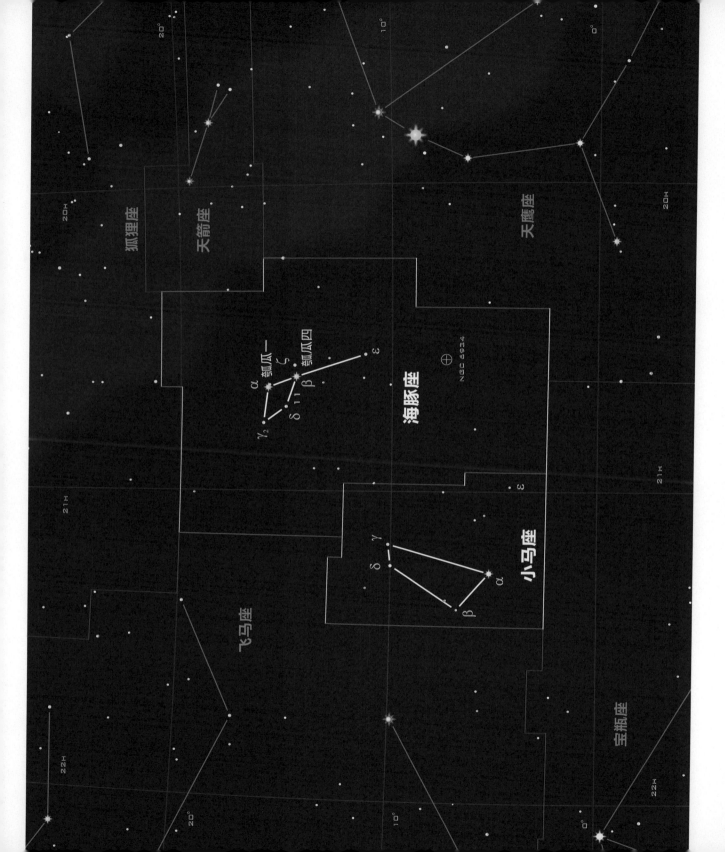

飞马座

虽然飞马座的外形与其名称不甚相符，不过它的亮星组成的"飞马四边形"倒是让这个星座令人过目不忘。希腊神话里，飞马是希腊英雄珀尔修斯和柏勒罗丰的坐骑。

"飞马四边形"上的星只代表了飞马座的四分之一，其他稍暗一些的恒星组成了飞马的前肢和头部。对北半球的观测者来说，飞马座是颠倒过来的。"飞马四边形"中，东北侧的星（飞马座δ星）是与近邻仙女座共享的（见第58页）。飞马座 α 星是亮度为2.5等的白星，距离地球140光年；飞马座 β 星是红巨星，距离地球200光年，亮度在2.3和2.7等之间不规则变化。γ 星是一颗炙热的2.8等蓝星，距离地球330光年。

星座简介

名称：飞马座
含义：有翅膀的马
缩写：Peg
所有格：Pegasi
赤经：22h 42m
赤纬：+19° 28'
所占天区：1 121(7)
亮星：危宿三（飞马座 ε）

飞马座的最亮星是飞马座 ε 星（中文名为室宿二）。这颗橙巨星亮度2.4等，位于飞马的鼻子处，距离地球690光年，可以从小型望远镜中很容易看到它的那颗蓝色伴星。

斯蒂芬四重奏

1877年，当法国天文学家斯蒂芬发现这个星系团的时候（如今它被列为希克森致密星系群92），他断定这个星系团包含5个成员。然而最近的观测表明，左上侧的旋涡星系是一个前景星系，只有4 000万光年，其他的则有3亿光年。

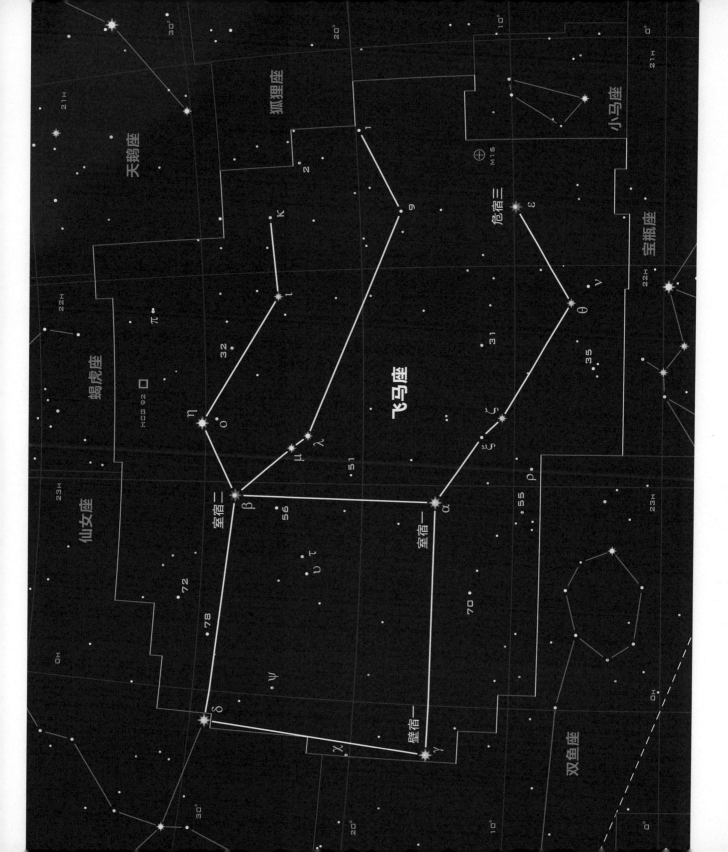

宝瓶座

宝瓶座是最古老的星座之一，然而它的形态却不甚显著。早在公元前2000年，古巴比伦天文学家就将这里看成是手持水壶倒水的男子形象。它是托勒密创立的48星座之一。

　　自古，宝瓶座就是美少年盖尼米得，被宙斯劫持到奥林匹斯山服务众神。宝瓶座ς星周围由亮星组成的"Y"形被看作一把水壶，水从东南侧流出，正好流入附近南鱼座北落师门（见第160页）。

　　宝瓶座的最亮星是α星和β星，亮度都大约为2.9等，在阿拉伯星座故事中，还有"帝皇的幸运星"及"幸中之幸"的意义。二者都是黄巨

星座简介

名称：宝瓶座
含义：盛水的容器
缩写：Aqr
所有格：Aquarii
赤经：22h 17m
赤纬：−10° 47'
所占天区：980(10)
亮星：虚宿一（宝瓶座β）

星，分别距离地球760光年和610光年。β星本来比α星暗淡一些，不过因为距离地球更近而看起来更亮一点。水瓶座ς星是一对活跃的双星，有4.3和4.5等的两颗白星，几乎恰好位于天赤道上。

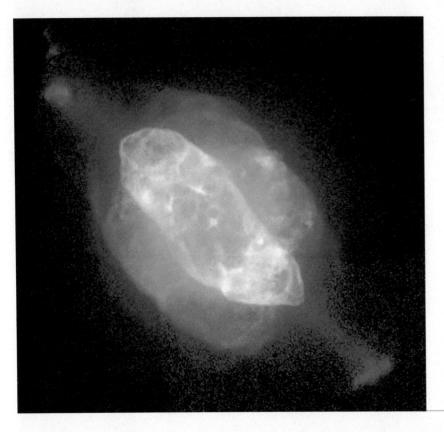

土星星云

行星状星云NGC 7009，在距离地球5 200光年的宝瓶座西侧，名字得来是由于其形状。这个行星状星云亮度8等，因为其致密的特性，比较容易被观测到。

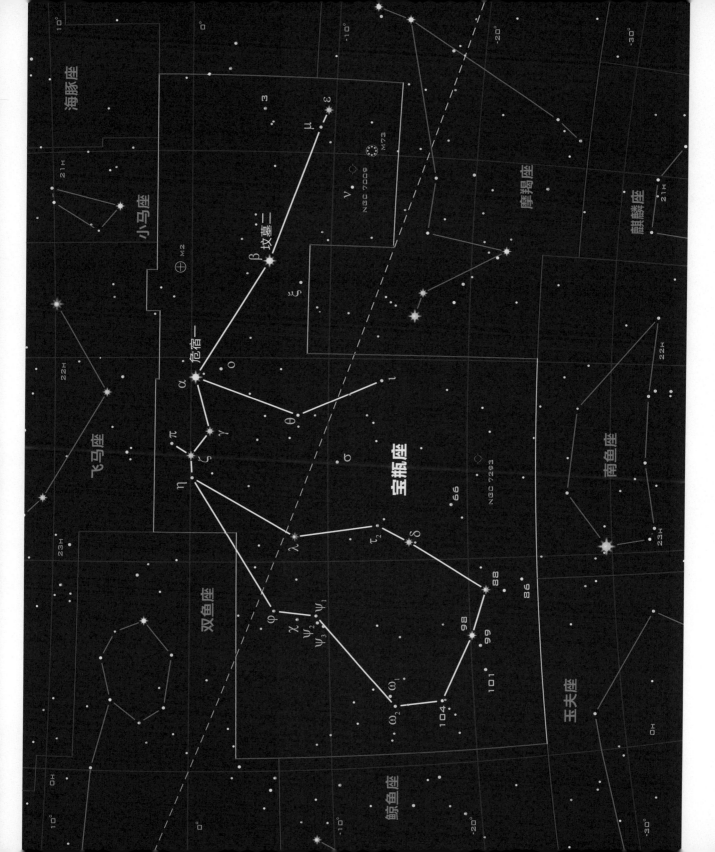

宝瓶座　螺旋星云 NGC 7293

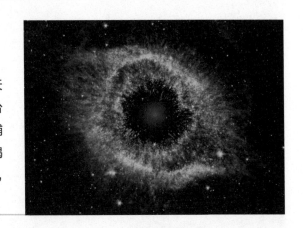

壮观的景像

NGC 7293这张迷人的照片是由位于智利的欧南台可见光及红外巡天望远镜（VISTA）拍摄的。地基红外望远镜与斯皮策空间红外天文台不同，无法探测到低温波段，不过它们还是能提供独特的视角——捕捉到星云内部和周边由较冷分子云产生的光线。这不仅可以更好地揭示星云明亮部分的精细结构，也能显示从中心恒星抛散出来的气体，延伸超过可见光的极限，一直到大约4光年的地方。

红外之眼

这张螺旋星云的红外影像包含了几个不同波段的数据，表示各自不同的温度。呈现蓝绿色的外围区域是相对比较热的气体，能够看到一些径向的结构，这是恒星从红巨星向白矮星进化的垂死之际，当恒星抛射其外壳层而形成的。靠近中心的红色显示了相对较冷的尘埃，这是斯皮策空间望远镜预料之外的发现。一种理论认为，这是距离中心星非常遥远的彗星云。在红巨星阶段，彗星云并未被中心红巨星破坏。

赤经：22h 30m，赤纬：−20° 48'

星等：7.3

到地球的距离：450光年

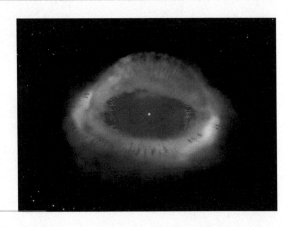

独特视角

天文学家利用光学和红外数据，建立了螺旋星系的三维模型。通过测量星云不同部分的方向和速度，发现之前的"面包圈结构"模型有些问题。螺旋星系似乎是由两个相互交叉的盘组成的，二者有一定的倾角，近似于相互垂直的状态。我们从地球上看到的环状结构是其中稍小的盘，然而更大的盘则构成了更加宽阔的外环，当整个星云在宇宙中穿行之时，与星际物质相互碰撞，从而将这个环照亮。

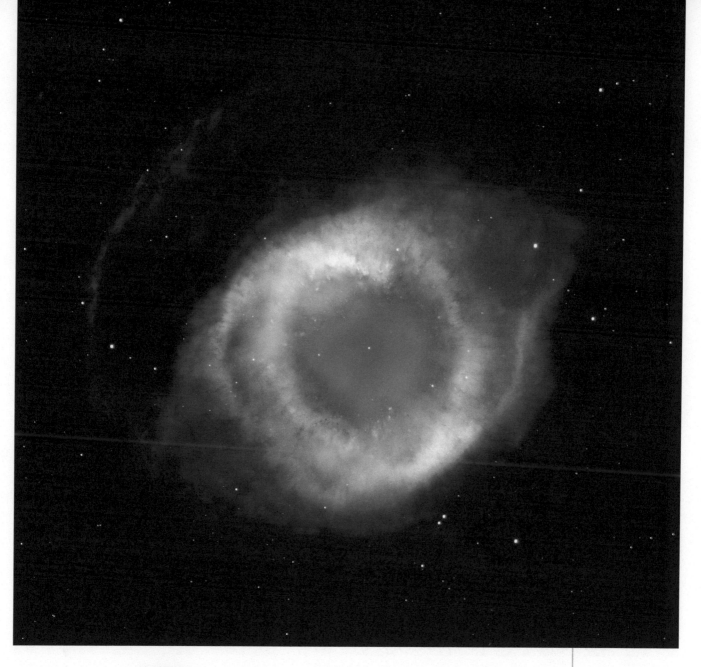

哈勃靓照

螺旋星云是距离地球最近、最大的行星状星云之一。所以它占的区域比一个满月还要大。对于大多数人来说，最好在一个暗黑的环境下，利用双筒望远镜或者低倍望远镜来观测它。星云看起来像一个朦胧状的发光盘状结构，要想看到如哈勃望远镜所显示的复杂结构，就需要利用专业望远镜和长时间曝光。

鲸鱼座

这个巨大的星座，位于金牛座西南侧的黄道带附近，因位于关键位置的刍藁变星的亮度会发生变化，导致寻找鲸鱼座会有些困难。该星座的最亮星是土司空（阿拉伯人称之为"鲸鱼的尾巴"），亮度为2.04等。

严格来说，鲸鱼座的拉丁文虽为鲸鱼，不过自古以来这个星座更多被看成是一种叫作"堤丰"的可怕的海洋怪物。在神话故事里，它常常与双鱼座、摩羯座联系在一起。熟知的一个桥段是，它被海洋之母赫拉派去毁灭仙后和仙王的王国。后来被救过仙女的大英雄英仙杀死。

鲸鱼座中有很多有趣的天体，包括活跃的双星鲸鱼座 γ 星、碰巧在我们视线方向所构成的双星鲸鱼座 α 星，以及临近的鲸鱼座 τ 星、UV A 星和 B 星。不过，其中最著名的是鲸鱼座 ο 变星（刍藁增二），是光变缓慢的脉动红巨星（刍藁型变星），每332天，它的亮度在3.0等和10.0等之间变化。最亮的时候，它能将鲸鱼的头和身子在脖子处连接起来；暗的时候，因为肉眼无法看见，鲸鱼座看起来从这里断成了两部分。

星座简介

名称：鲸鱼座
含义：海怪
缩写：Cet
所有格：Ceti
赤经：01h 40m
赤纬：−07° 11'
所占天区：1231(4)
亮星：土司空（鲸鱼座 β）

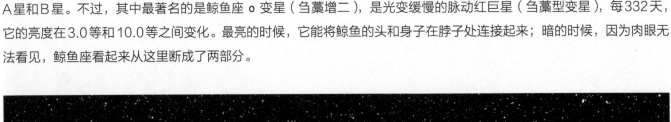

奇异之星

这个紫外波段的照片显示，变星鲸鱼座 ο 星正在以极高的速度移动，后面留下了炙热的气体尾。这些物质在其漫长、缓慢的脉动过程中被抛射出去，又被临近伴星的引力拉离。理论模型表明，以332天为周期，鲸鱼座 ο 星的直径会在太阳的300倍和400倍之间变化。

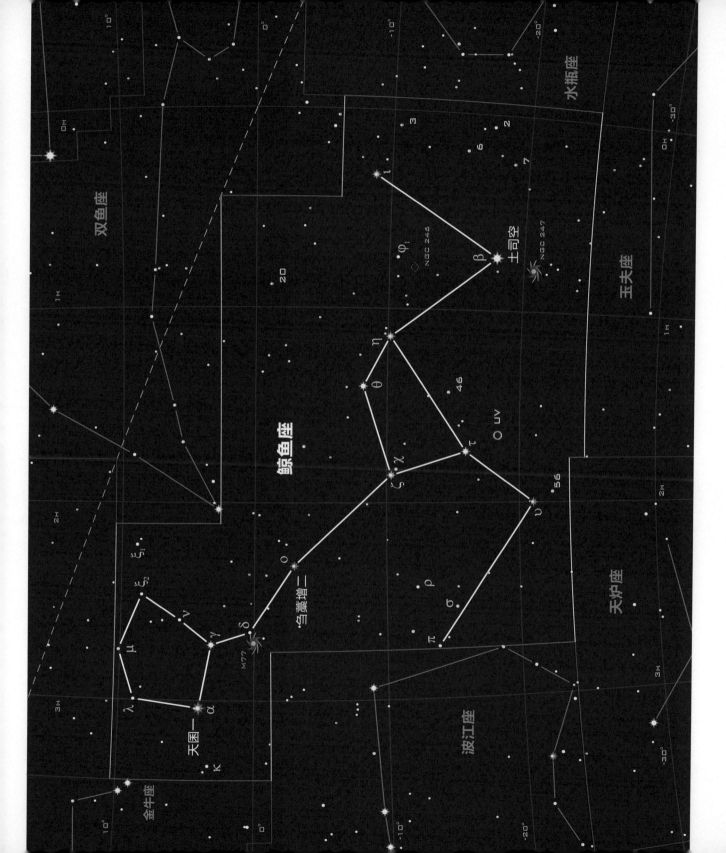

猎户座

这是一个在一年中早些时候南北半球都能看到的明亮星座，可以称得上是全天最容易识别的星座之一，这里既有混乱的恒星生成区，又有濒临死亡的天体。

猎户俄里翁在希腊罗马神话里是强壮的猎人，是狩猎女神阿尔忒弥斯的爱人。他曾经夸口能够捕获地球上的任何生物，最后被赫拉派去的蝎子蛰死。所以，在星座里，天蝎座和猎户座分别位于天空相反的两侧。

猎户座两个亮星，参宿四和参宿七，分别是猎人的肩膀与膝盖，之间三颗稍微暗弱的星是猎人的腰带。最东侧，1.8等的猎户座 ς 星是一个聚星，包括一个4.0等的伴星，可以从小型望远镜中看到，以及第三颗9.5等的伴星，只能在大型设备中观测到。参宿一南侧，是一串星和星云状物质，形成了猎户的剑，也是全天最值得欣赏的天区之一。

星座简介

名称：猎户座
含义：猎人
缩写：Ori
所有格：Orionis
赤经：05h 35m
赤纬：+05° 57'
所占天区：594(26)
亮星：参宿七（猎户座 β）

马头星云

在猎户座之中隐藏着很多星际物质，只有被附近的恒星激发或者在更远光源的衬托之下，我们才能看到他们。其中最著名的当属马头星云——巴纳德33，那是一片3.5光年的模糊尘埃带，在星团IC 434光芒衬托之下可见。

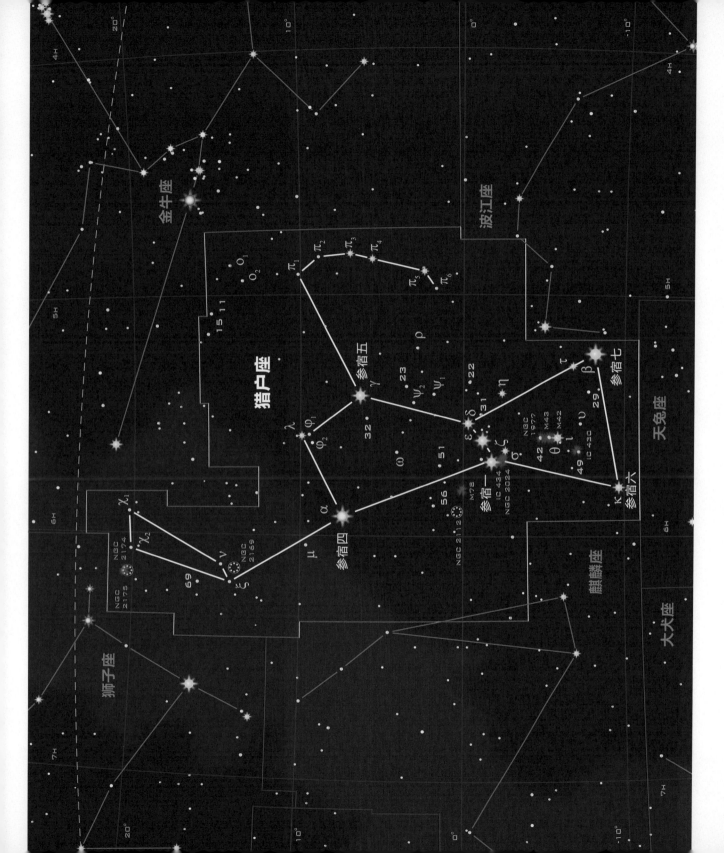

猎户座深处

猎户座参宿四

猎户座 α 星就是令人瞩目的红巨星参宿四。虽然其编号是猎户座第一颗恒星，也是全天第十大亮星，但如今参宿四并不是猎户座最亮的恒星——这个荣誉应该属于参宿七。不过，参宿四仍是一颗充满魅力的亮星，它庞大的体积导致其自身并不稳定，大小（300倍到400倍太阳直径）和亮度（1.2等到0.3倍等）都在不断发生波动。巨大的体积使其成为哈勃空间望远镜第一个直接拍到表面影像的遥远恒星。

赤经：05h 55m，赤纬：+07° 24'

星等：0.3~1.2（变）

到地球的距离：640 光年

猎户座 LL 型星

这颗暗弱的年轻恒星刚刚诞生在猎户大星云中，经过星云外部区域向太空中移动。作为一颗年轻的恒星，猎户座 LL 型星比太阳这样安静的恒星产生的恒星风要猛烈许多。当恒星风遇到星云外围的气体压力时，就会产生弓形激波，如同快速前进的船，船头前面产生的波纹。正是由于星云粒子和恒星风粒子碰撞释放的能量，形成了碰撞面处的光芒。

赤经：05h 35m，赤纬：−05° 25'

星等：11.5

到地球的距离：1 350 光年

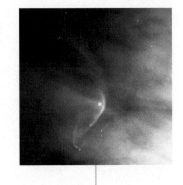

参宿七

虽然被命名为星座第二亮星，参宿七却是星座中最亮的恒星。与参宿四不同，它是一颗明亮的蓝白星。有种假设认为，这两颗星的错误排序，可能是由于在历史上参宿四比参宿七更亮。像参宿七这种蓝白巨星，属于已知质量最大的恒星一类——参宿七的质量是太阳的17倍，表面温度是1.1万摄氏度，亮度是太阳的6.6万倍。

赤经：05h 14m，赤纬：−08° 12'

星等：0.1

到地球的距离：860 光年

烽火星云NGC 2024

在著名的马头星云北侧一点，烽火星云也是一个值得关注的气体尘埃云。照亮它的辐射，一部分是来自于猎户腰带最东侧的参宿一，另外一部分是来自星云中刚刚诞生的新生恒星。位于星云前侧的暗尘埃云，令星云在可见光波段看起来像烽火状。而欧南台VISTA（天文可见光及红外巡天望远镜）拍摄了它的近红外波段，从而揭开了这个复杂天体隐藏在尘埃下的神秘面纱。

赤经：05h 42m，赤纬：-01° 51'

星等：2.0

到地球的距离：约900光年

猎户大星云

初生的恒星

这里是距离我们最近的恒星生成区，猎户大星云为天文学家提供了一个绝佳的机会，从而可以验证有关恒星形成的理论和研究新诞生恒星的性质。他们的一个重要发现是关于原行星盘的普遍存在性。即使在恒星开始发光之后，这个致密的气体尘埃盘依旧会存在，它们将成为日后行星系统形成的绝佳原始材料。哈勃的另一个重要发现是，那里还有大量非常轻的褐矮星，也就是"未成形的恒星"，虽然没有足够能量点燃内部核反应，但是它们仍然能够释放热量。

赤经：05h 35m，赤纬：−05° 27'

星等：4.0

到地球的距离：1 350光年

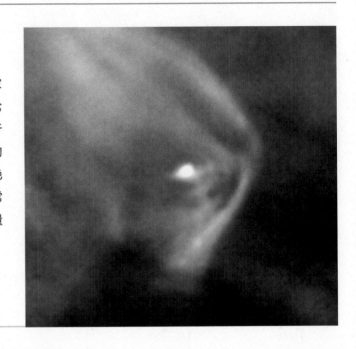

猎户四边形星团

在猎户大星云中心有一个致密的星团，我们可以用小型望远镜看到它呈四边形的样子。四边形星团最早出现在1610年伽利略出版的《星宿使者》一书中。尽管星团中恒星的数量在稳步增加，但是这个名字没有变。正如哈勃空间望远镜所拍摄的这张照片，星团中的五颗主要恒星中每一颗的质量，都是太阳的15倍到30倍。这就意味着它们的演化周期很快，寿命很短。目前，它们向周围星云所释放出去的紫外线将气体云块照亮。

猎户大星云

肉眼看来，猎户大星云 M42 很容易识别，它在夜空中是一小团光斑，位于猎户之剑的 τ 星南侧。我们用双筒望远镜或者小型望远镜就可以观测到猎户大星云的很多细节，它看起来不是粉色而是偏绿色的。大型望远镜可以增加所看到的细节，以及更多更清晰的结构特征。除了 M42 之外，猎户之剑还是其他很多有趣星云的所在地，不过都没有猎户大星云如此明亮和庞大。

麒麟座和小犬座

麒麟座位于猎户座亮星的东侧，组成类似"W"形的结构，其北侧就是小犬座最亮的星：南河三。根据亮星定位及几颗星组成的独特形态，在夜空中识别出麒麟座并不困难。麒麟座在希腊文化中是独角兽：长有一只角的马的造型。

麒麟座延伸穿过银河系的明亮区域，这使得这个星座更难被辨认出来。人们普遍认为，这个星座是荷兰神学家皮特鲁斯·普兰修斯在1613年左右创立的。不过也有历史学者指出，该星座源于更早的波斯或者阿拉伯文明。麒麟座拥有一些有趣亮星和深空天体，比如麒麟座 β 星就是一个有趣的聚星，能够在小型望远镜中找到它。

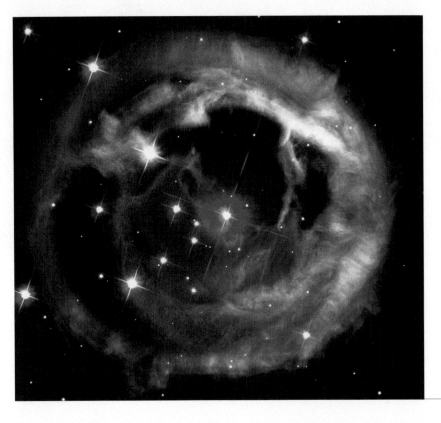

星座简介

名称：麒麟座 / 小犬座
含义：独角兽 / 小狗
缩写：Mon/CMi
所有格：Monocerotis/Canis Minoris
赤经：07h 04m/07h 39m
赤纬：+00° 17'/+06° 26'
所占天区：482(35)/183(71)
亮星：麒麟座 α / 南河三（小犬座 α）

小犬座是一个小巧的星座，亮星南河三抢了该星座大部分的戏份。除此之外，小犬座是托勒密的经典星座之一，早在公元前一世纪人们就认识它了。南河三本身是一个距离地球最近的亮星之一，只有11.4光年，与天狼星有诸多相似之处（见第130页）。

麒麟座变星V838

2002年，天文学家在麒麟座δ星西南侧发现了一个不寻常的恒星爆发，这就是麒麟座变星V838。因为周围气体尘埃反射中心辐射所形成的"回光"现象，使得这颗奇怪的恒星引起了科学家们的众多研究兴趣，而这个爆发的起源看起来是来源于一个濒临死亡、即将以超新星爆发的红巨星。

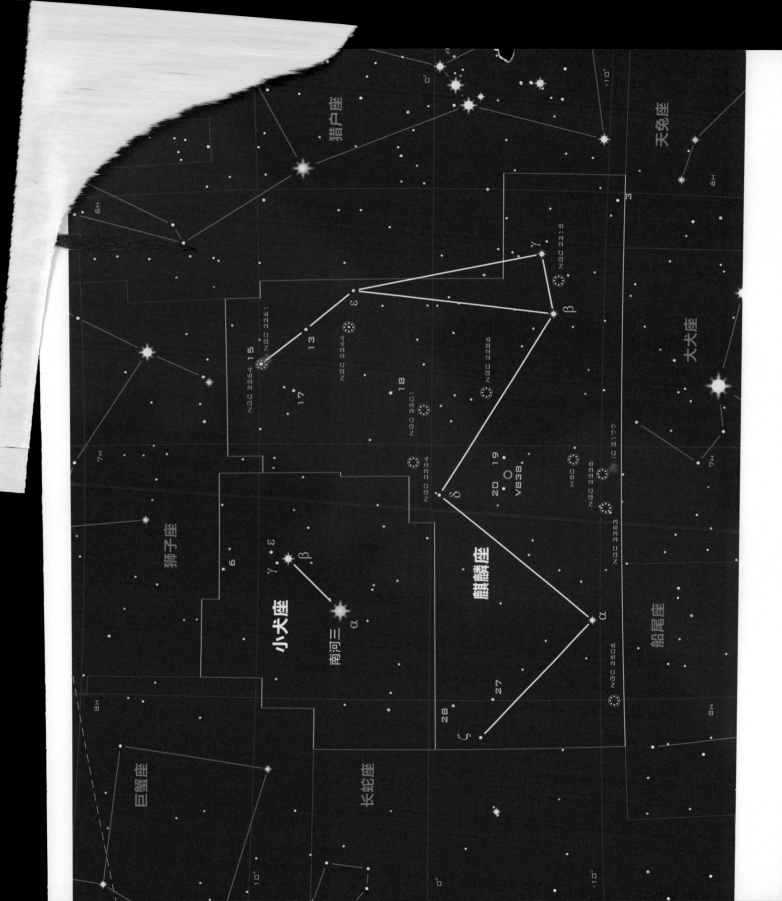

麒麟座深处

哈勃变光星云NGC 2261

这个奇怪的星云位于麒麟座北侧，因其亮度和形状的不断变化而闻名。星云以著名天文学家哈勃的名字命名，他是第一个详细研究这个星云的人。这个星云与麒麟座变星R Mon有关（该星位于照片底部，哈勃空间望远镜拍摄）。R Mon是金牛座T型变星，这类变星是一种不稳定的新生恒星，持续释放多余的物质，亮度也不断变化。由于星云的光是来自于恒星R Mon光的被反射，所以星云的亮度随着恒星的变化而变化，不过比恒星的光变稍有延迟，因为光被反射会经过更长的距离。

赤经：06h 39m，赤纬：+08° 44'

星等：10.0~12.0（变）

到地球的距离：2 500光年

玫瑰星云NGC 2244

这个美丽的星云，位于麒麟座 ε 星东侧，如同一枝绽放在宇宙深空的玫瑰花。依据官方说明，NGC 2244是指星云状物质中心的星团。位于其中的大质量蓝色恒星发出的辐射激发并照亮了周围的气体，产生的恒星风吹空了中心区域。NGC 2237、NGC 2238、NGC 2239和NGC 2246也是玫瑰星云的不同组成部分。它们距离地球5 200光年，直径大约130光年。尽管观察玫瑰星云最好使用低倍望远镜，然而肉眼就可以看到星团，对于双筒望远镜也是一个不错的观测目标。

赤经：06h 34m，赤纬：+05° 00'

星等：9.0

到地球的距离：5 200光年

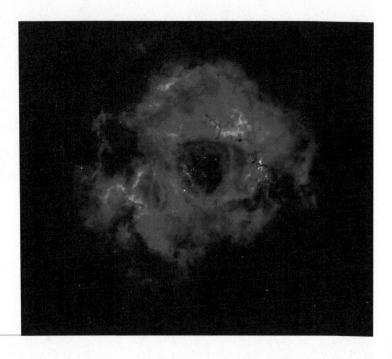

锥状星云 NGC 2264

NGC 2264 中有两个天体，一个是明亮的圣诞树星团，另一个是锥状星云，是不透明的尘埃柱，它们的背景是一个美丽的发射星云。用肉眼或者用双筒望远镜，很容易看到星团，而且它也呈现出一个圆锥形的图案，并且与气体尘埃构成的暗圆锥尖与尖相接。暗的气体尘埃锥其实是一个"创生之柱"，是一个恒星形成区的一部分，

圣诞树星团就曾经在这块区域诞生，而现在因为这些恒星的辐射照耀，使得恒星形成区变小了很多。

赤经：06h 41m，赤纬：+09° 53'

星等：3.9

到地球的距离：2 700 光年

大犬座

大犬座位于猎户座的东南侧，这个星座因为有全天最亮的天狼星而不会被认错。另外，大犬座在银河系附近，所以还包含有其他亮星和深空天体。

大犬座最先让人想到的是一直追随着猎户的忠诚猎犬。尽管天狼星的名字脱胎于古希腊单词"烧焦的"，但一直以来就被人们认为是"天狗之星"。这颗炽热的白星，质量是太阳的2倍，亮度是太阳的25倍，它之所以是全天最亮的星，是因为它的距离近——只有8.6光年，在距离地球最近恒星里排名第5位。

与此相反，大犬座里其他亮星却离我们很远，只是因为它们自身真的很亮，比如大犬座δ星亮度为1.8等，距离我们1 800光年，亮度是太阳的47 000倍。

星座简介

名称：大犬座
含义：大狗
缩写：CMa
所有格：Canis Majoris
赤经：06h 50m
赤纬：-22° 08'
所占天区：380(43)
亮星：天狼星（大犬座 α）

天狼星和伴星

众所周知，天狼星距离我们相当近，它还是一个双星系统。天狼星B特别小，很难识别。虽然它的亮度是8.5等，并不是很暗弱，但其光芒完全被它闪耀的近邻遮盖了。尽管很小很暗，天狼星B的质量与太阳相当，是一颗白矮星（一颗恒星爆发后留下的核心部分），而这颗白矮星的前身，甚至曾经比天狼星还要熠熠生辉。

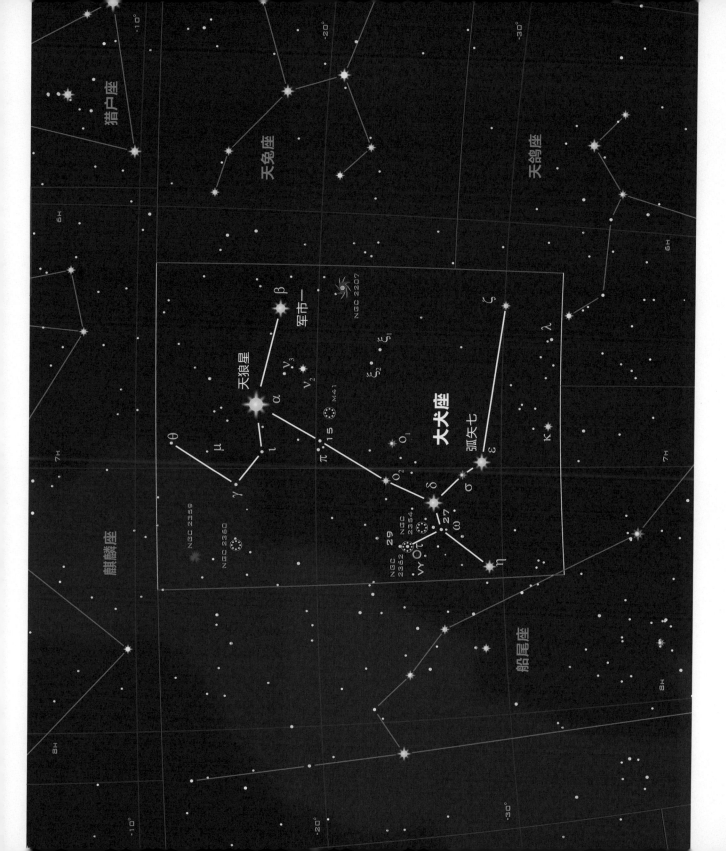

大犬座深处

大犬座 τ 星团 NGC 2362

这是一个非常年轻的疏散星团，它的中心是名为大犬座 τ 星的蓝巨星，亮度为4.4等。星团质量大约为500个太阳质量，累积亮度为4.1等，所以肉眼就很容易观测到，在双筒望远镜和小型望远镜中更为明亮。斯皮策空间望远镜试图搜索这些年轻恒星周围的原行星盘，结果发现只在那些最小的恒星附近存在（左图）。

赤经：07h 19m，赤纬：−24° 57'

星等：4.1

到地球的距离：5 000光年

雷神的头盔 NGC 2359

这个漂亮的太空泡泡是一个发射星云，由气泡中心蓝巨星释放的高能量恒星风形成。这些粒子被吹到星际空间中，形成了一个不断膨胀的球面激波，大约直径30光年。恒星带着泡泡随之一起不断移动，周围的星云状物质形成了一个弯曲的弓形激波。星云两侧的物质，则形成了一个强大的"翼盔"。

赤经：07h 19m，赤纬：−13° 13'

星等：11.5

到地球的距离：1.5万光年

超巨星大犬座 VY

这个红色的超巨星位于大犬座 τ 星团南侧，属于已知的最大恒星之列。如果把它放在太阳系中心，其最外层将延展至土星。它的质量是太阳的40倍，正朝着超新星爆发的宿命飞速进展着。在达到生命最后形态的过程中，它变成了一颗不稳定的变星，向外层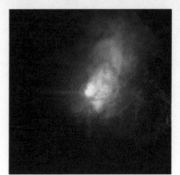空间释放大量的气体和尘埃。这张哈勃空间望远镜拍摄的彩色照片，利用了偏振光的特性，显示了恒星周围尘埃的分布。

赤经：07h 22m，赤纬：−25° 46'

星等：6.5~9.6（变）

到地球的距离：3 800光年

双人舞星系 NGC 2207/IC 2163

大犬座B南侧的一对迷人的双星系，由英国天文学家约翰·赫歇尔于1835年发现。这两个旋涡星系自4 000万年前就开始了缓慢的合并进程，向星际空间抛出长长的恒星流，在相互潮汐引力的作用下触发新的恒星形成爆发。最终，它们将耗费1亿年甚至更长时间走向合并，形成一个椭圆星系。

赤经：06h 16m，赤纬：−21° 22'

星等：12.2，11.6

到地球的距离：1.14亿光年

长蛇座

这是夜空中最大的一个星座，长蛇座暗弱的群星从黄道一直蜿蜒到南端的狮子座、室女座。长蛇座是托勒密创立的48星座之一。

　　古巴比伦人将长蛇座看成是一条狡猾的大蛇。它的名字让人想起勒拿九头蛇与赫拉克勒斯的作战，在故事中常常与临近的乌鸦座、巨爵座联系起来。长蛇座又长又暗淡，在夜晚很难被识别出来，只有位于狮子座西南侧的头部和颈部稍微明显一些。

　　长蛇座中最亮星 α 星是一颗红巨星，距离地球大约180光年。它还有一个名字是"孤独的人"，这颗星亮度为2.0等，是这片星空里最亮的天体。其他深空天体包括在长蛇头部下边一定的疏散星团M48（它是双筒望远镜或者小型望远镜的好目标），还有位于长蛇尾巴处的南风车星系M83。

星座简介

名称：长蛇座
含义：水蛇
缩写：Hya
所有格：Hydrae
赤经：11h 37m
赤纬：-14° 32'
所占天区：1 303(1)
亮星：星宿一（长蛇座 α）

星系轮廓

NGC 3314，位于长蛇座南侧边缘，是一个罕见而美丽的双星系——两个星系分别距离地球1.17亿光年和1.4亿光年。更远处星系的光芒将前景旋涡星系变得透明，让我们透过尘埃，看清了它的内部结构。

长蛇座深处

扭曲旋涡星系 ESO 510-G13

这个奇怪的星系位于长蛇座 ρ 星东侧，只能在最大的爱好者望远镜当中看到，是无比神奇的一个目标。这是一个侧向旋涡星系，在星光璀璨的星系盘和核球的照耀之下，一道黑暗的外部尘埃带十分引人注目。由于某种原因，星盘发生了扭曲。天文学家认为这是由于 ESO 510-G13 在吞噬小星系时产生的引力而导致的。有趣的是，我们自己银河系的外边缘也有可能存在类似的扭曲。

赤经：13h 55m，赤纬：-26° 46'

星等：13.4

到地球的距离：1.5亿光年

南风车星系 M83

这是一个漂亮的棒旋星系，毫无疑问，它是长蛇座中最吸引人的深空天体，直径大约是满月的三分之一，亮度7.6等，我们可以用双筒望远镜寻找长蛇座尾巴上的长蛇座R，然后往南找到它。这个星系在大型望远镜中去看更是赏心悦目，M83是一个大小只有银河系一米的棒旋星系，非常明显的尘埃带一直向内延伸到核心，这个星系由法国天文学家尼古拉·路易·德·拉卡伊在1752年发现，这位天文学家当时对南天的很多星座进行了命名。

赤经：13h 37m，赤纬：-29° 52'

星等：7.6

到地球的距离：1 500万光年

M68

这是长蛇座唯一的球状星团，位于长蛇座 β 星和 γ 星之间。这个星团位于反银心方向，是围绕银河系运行的独立星团之一，距离地球3.3万光年。

赤经：12h 39m，赤纬：-28° 45'

星等：9.7

到地球的距离：3.3万光年

恒星生成之弧

哈勃空间望远镜的这张令人吃惊的照片展示了M83其中一个旋臂上恒星生成区的火热场景。该星系的恒星诞生速率比银河系快，可能是因为临近星系引力的影响。照片捕捉到了恒星演化循环当中的关键节点，从暗云团当中它们的诞生和明亮的恒星诞生星云，到它们演化成明亮的疏散星团，再到以超新星爆发形式的生命结束，就在这张图中，美国国家航空航天局发现了大约60个超新星遗迹。

乌鸦座、巨爵座和六分仪座

在长蛇座的背上有三个小星座，其中两个比较容易识别——乌鸦座和巨爵座。神话传说中，乌鸦座和巨爵座与长蛇座的阿波罗神有关。

神话中，天神派仆人乌鸦从井里打水，而乌鸦却被旁边的无花果树分了心，忘记了自己的任务，一直在等待无花果再次成熟。当乌鸦返回时为了应付差事，抓了一条水蛇谎称被它阻止打水。其实阿波罗早已看穿了谎言，非常生气地将水杯、乌鸦和蛇扔到了天空。六分仪座则不然，它是波兰天文学家赫维留在17世纪

星座简介

名称：乌鸦／巨爵／六分仪
含义：乌鸦／水杯／六分仪
缩写：Crv/Crt/Sex
所有格：Corvi/Crateris/Sextantis
赤经：12h 27m/11h 24m/10h 16m
赤纬：—18° 26′/—15°
面积（°）：184(70)/282(53)/314(47)
亮星：轸宿一（乌鸦座 γ）/翼宿七（巨爵座 δ）/六分仪座 α

这三个星座中的大多数星星都不引人注意，只有乌鸦座 δ 星值得关注，小型望远镜中看到它的一颗3.0等的主星，还有一颗8.5等的伴星，时常呈现不同寻常的紫色。

触须星系

这对形状奇怪的星系位于乌鸦座和巨爵座的交界处，距离地球4 500万光年。在较宽的视野中，可以看到它长长的恒星流尾，非常像昆虫的触角。精细的照片显示触须其实是处于碰撞过程的两个旋涡星系（NGC 4038和NGC 4039）。

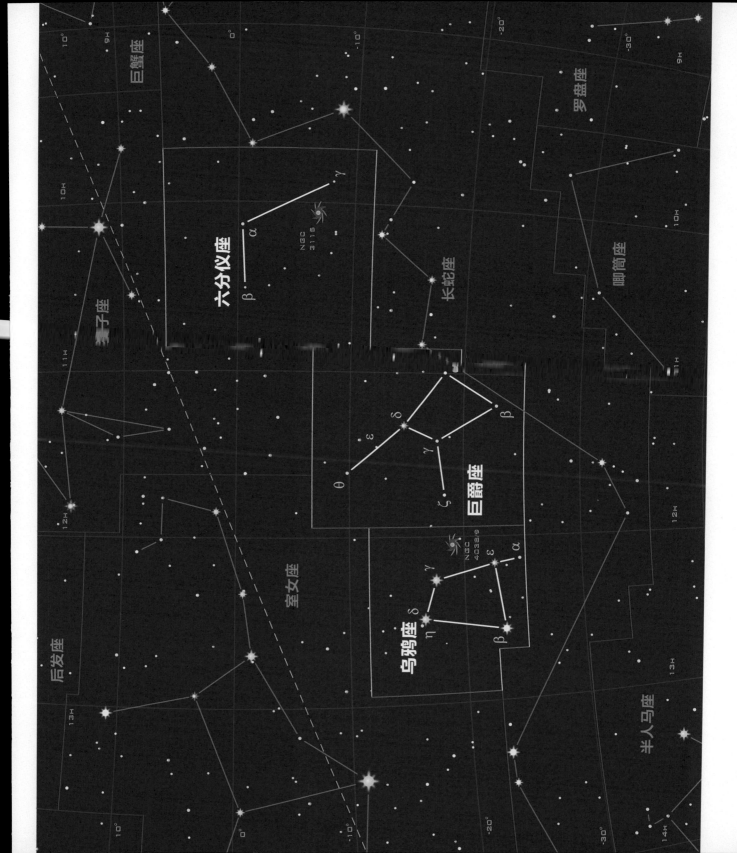

半人马座

全天有两个与半人马传说有关的星座，半人马座是其中之一。希腊神话里，它们是半人半马的怪兽。半人马座是长蛇座与南十字座之间的一大片天区，其中不乏一些南天区的有趣天体。

虽然古时候巴比伦天文学家曾经将这里看成是一头牛，但是这个星座的经典形象是半人半马的怪兽，经常与聪明的卡戎联系在一起，他是名扬四海的武士阿喀琉斯的老师。半人马座的身躯由五边形组成，亮星基本都位于右侧。

半人马座 α 星是全天第三大亮星，亮度 −0.27 等，在小型望远镜中可以看到由两颗恒星构成的双星系统，每一颗恒星都非常类似于我们的太阳。11.0 等的红矮星半人马座比邻星，是这个系统当中比较靠外的第三颗成员，也是距离太阳最近的恒星，只有4.26光年。半人马座 β 星也是一颗三星系统，包含一颗大质量的高亮度蓝星，距离地球525光年，我们肉眼只能区分出其中的两颗星。

半人马恒星

银河系南侧这张令人炫目的照片是半人马座的一部分。半人马座 α 星和 β 星在左下侧的南十字附近，形成非常壮观的一对。2012年，天文学家宣称，发现了一颗类地行星围绕半人马座 αB 星运转。

（审者注：2015年，进一步的数据分析表明这个行星实际不存在，行星是因为之前的数据分析中假的残差造成的。而在2016年，天文学家在此邻星周围发现了一个行星，成为距离我们最近的地外行星。）

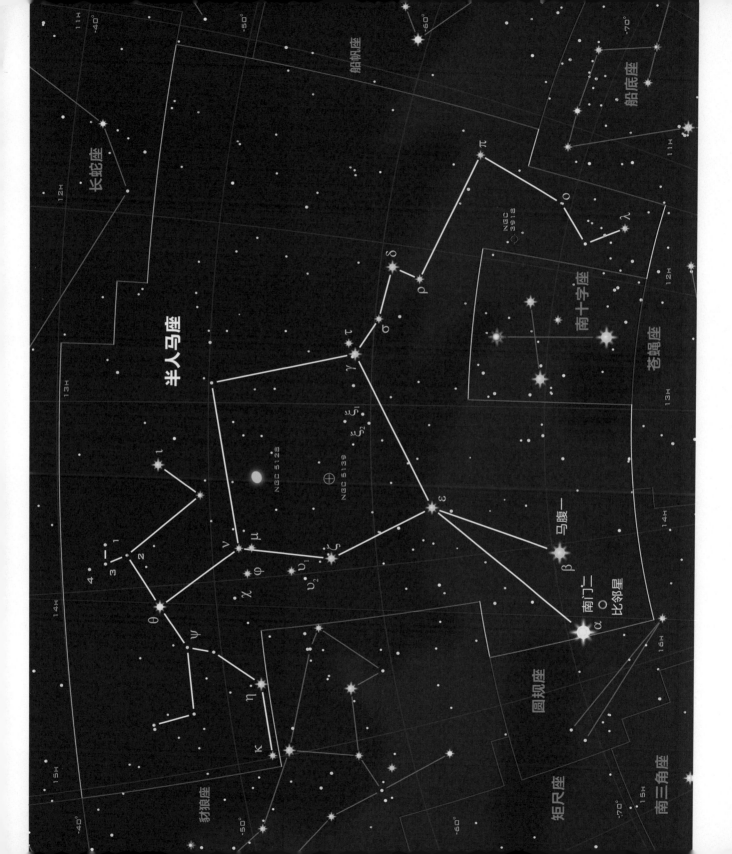

半人马座　星系 NGC 5128

射线喷流

星系 NGC 5128 由詹姆士·丹露帕在 1826 年首先发现，在双筒望远镜里可以清楚地看到它，在小型望远镜中甚至能够看到它椭圆的球形。使用更大一点的望远镜或在长曝光的照片中，我们能够看到横穿星系盘的暗尘埃带。NGC 5128 碰巧也是一个很强的射电源，并被命名为半人马座 A，因此这个星系更多地时候是以这个名字为众人所知。半人马座 A 是距离地球最近、最亮的活动星系核之一。多波段曝光照片显示，从明亮的中心核区域释放出两个方向相反的喷流物质，同时产生射电波段（橙色）和 X 射线波段（蓝色）辐射。

赤经：13h 26m，赤纬：−43° 01'

星等：7.0

到地球的距离：1 500 万光年

吞噬星系

这张不同寻常的照片是半人马座 A 的近红外视图和星系中一氧化碳分布图的叠加照。它揭示了一个近乎完美、富含气体物质的梯形结构，正好与可见光波段的暗尘埃带相重叠。中心核两侧不同的颜色正好是整体结构都在旋转的证据：绿色区域朝向地球运动，红色远离地球。根据这种特征推测，那是由富含气体尘埃的星系（类似银河系的旋涡星系）被更大的没有气体的椭圆星系吞噬后遗留的残骸。在红外影像中，中心核区域依旧闪耀，那应该是在"暴风骤雨"中被激活的超大质量黑洞。

星暴区

一般来说，椭圆星系比较缺乏适合恒星生成的原初物质，而是以小质量的年老恒星为主。新的物质注入半人马座A，在暗带周围和内部激发了新一波恒星生成热潮。这张哈勃空间望远镜的照片中，粉色区域正是巨大的恒星生成星云，蓝色区域则是年轻的星团正在破茧而出。这张光学波段、近红外和紫外的多波段合成图像，展现了星系暗尘带更多的细节。

半人马座 欧米伽星系 NGC 5139

半人马座欧米伽星团

半人马座欧米伽星团是全天最大、最亮的球状星团，以致于它的名称是按照恒星序列以希腊字母命名的。夜空中，肉眼看它是一团满月大小的光斑，亮度3.7等。它也是离我们很近的球状星团之一，约1.6万光年。半人马座欧米伽星团是一个由百万恒星组成的巨大团体，但却被挤压在170光年的狭小区域之中。一般光学观测设备都可能看到其边缘的恒星个体，只有在最大型的望远镜中才能看清中心区域的恒星。

赤经：13h 27m，赤纬：−47° 29'

星等：3.7

到地球的距离：1.6万光年

充满恒星的天区

在哈勃空间望远镜拍摄的这张半人马座欧米伽星团的中心区域，成千上万颗恒星簇拥在那里。球状星团中一般都是年老恒星，这是由于它们诞生在宇宙演化的较早期，因为缺乏"污染物"（能够加速恒星燃烧速度的重元素）而长寿。有证据显示，半人马座欧米伽星团是经过大约20亿年分好几个阶段才形成的，最终形成于大约100亿年前。而与此相反，大多数的球状星团看起来就是在一次爆发当中形成的。这说明，半人马座欧米伽星团并不是一个常规球状星团，而是被银河系吞噬的矮星系的致密核心。

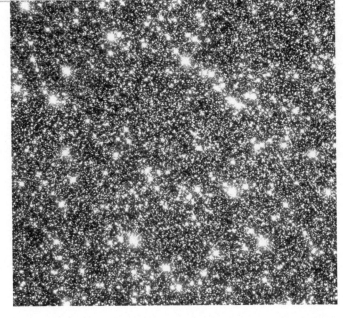

种类繁多的恒星

这是哈勃广域相机拍摄的半人马座欧米伽星团核心区照片。其中，黄色恒星是星团的大多数成员，它们长期保持在中年状态，红色恒星是那些垂死的已经膨胀并变亮的巨星，暗淡的蓝白色是白矮星，明亮的蓝色是"蓝离散星"。理论上，这里应该没有短寿命、大质量的恒星存在。但是天文学家认为，之所以有大质量恒星存在，是因为在星团拥挤的中心，正常恒星间的碰撞和合并而形成的。

豺狼座

豺狼座虽然明亮，其形态却不甚明显，它位于天蝎座大火星之南、半人马座亮星 α 星、β 星之北。因为处在银河系明亮区域，这里包括了很多有趣的天体。

虽然古希腊人很早就认识了这些星，不过星座的野狼形象却是到中世纪才流行起来。早期天文学家将其想象成一只野兽，被邻近的半人马怪兽扔出的长矛所刺中。

豺狼座的最亮星 α 星，是一颗2.3等的蓝巨星，距离地球550光年。豺狼座 μ 星，是一颗迷人的聚星，小型望远镜中看到它4.3等的主星，以及7.2等的伴星。在大型望远镜里，主星又被分解成5.1等和5.2等的两颗双星。星座中分布着众多的星团，其中，NGC 5822是星座中疏散星团中最亮的，而NGC 5986是星座中球状星团最亮的。

星座简介

名称：豺狼座
含义：野狼
缩写：Lup
所有格：Lupi
赤经：15h 13m
赤纬：−42° 43'
所占天区：334(46)
亮星：豺狼座 α

视网膜星云

视网膜星云IC 4406，这个不常见、看起来像矩形的气体团块实际上是一个行星状星云，它是一个类似于太阳的垂死恒星将外壳层抛出而形成的不断膨胀的气体壳层。其实，星云奇怪的样子是因为我们观测它的角度导致的。实际上，它是一个圆环状结构，我们只是看到了它的侧面而已。

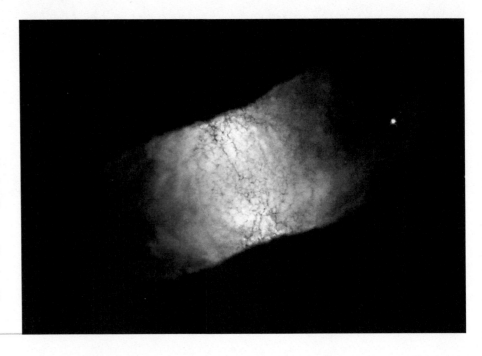

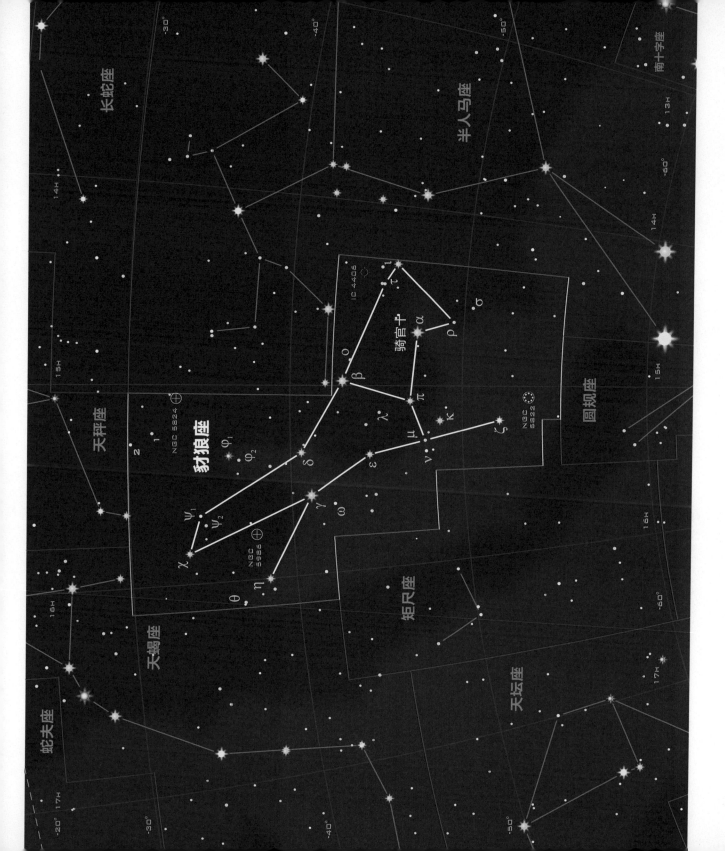

天蝎座

天蝎座是一个大而亮的黄道星座，穿过人马座和天秤座之间的银河系南部区域。星座的血红色亮星心宿二俗称大火星，很容易被识别。心宿二是一颗红超巨星，亮度排名全天第16位。

　　天蝎座是全天最古老的星座之一，能够找到最早的天文学观测记录也与之相关。星座的形状看起来与蝎子有些相像，但如今的星座，在头部区域缩小了一些，爪子也伸到了天秤座那里。

　　心宿二的平均亮度为1.0等，并有缓慢变化，如果把它放在太阳系中心，它将吞噬木星以内的所有天体。它还有一颗相距很近的5.5等伴星，可以在中型望远镜里看到。此外，还有多个目标相对容易观测一些。小型望远镜里，天蝎座 β 星是一颗有2.6等和4.9等两个成员的蓝色双星，天蝎座 ν 是一颗"双双星"，即在小型望远镜里它是一颗双星，而在中型以上望远镜里，则摇身一变，成了四颗星。

星座简介

名称：天蝎座
含义：蝎子
缩写：Sco
所有格：Scorpii
赤经：16h 53m
赤纬：−27° 02'
所占天区：497(33)
亮星：心宿二（大火／天蝎座 α）

蝴蝶星团

这个耀眼的星团位于天蝎座东侧，肉眼观测的话，可以看到银河系内一个满月大小的明亮光斑。星团的梅西叶天体编号是M6，距离地球约1 600光年。星团以蓝星为主，但最亮的还是一颗橙色巨星：天蝎座BM星。

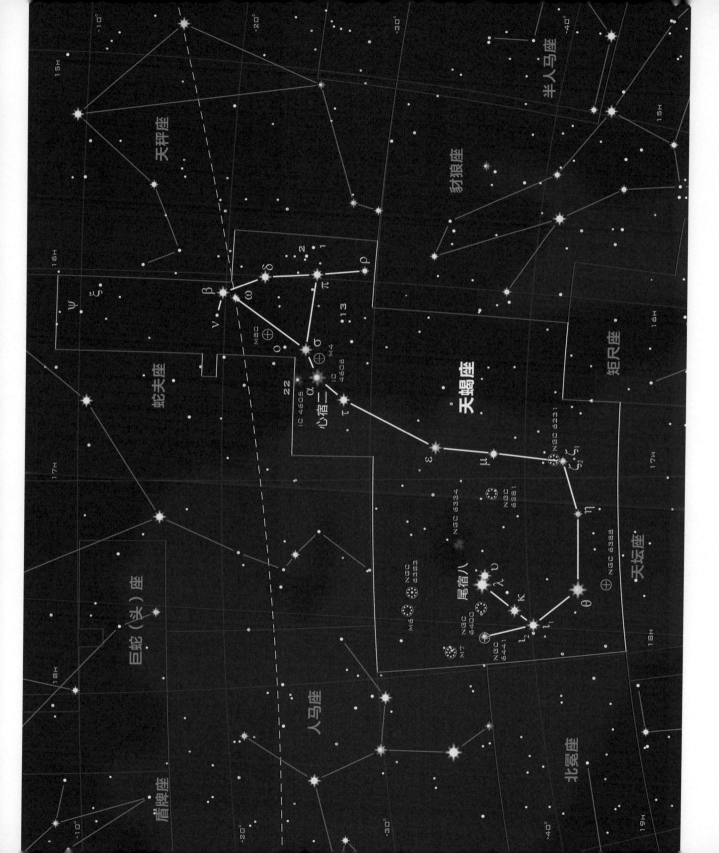

天蝎座深处

M80

这个球状星团属于最为致密的星团之列，包含了成百上千颗恒星，直径约95光年。M80位于天蝎座 α 星和 β 星之间，用双筒望远镜或者小型望远镜可以轻松找到它，不过即使用大型设备也无法解析其中心处的恒星个体。M80这样致密的星团，其中心应该也有很多"蓝离散星"，而不是明亮炙热的恒星，人们认为这是在星团更新换代过程中合并碰撞带来的。

赤经：16h 17m，赤纬：−22° 59'

星等：7.9

到地球的距离：3.26万光年

托勒密星团M7

这个明亮的星团位于靠近银河系的天蝎尾巴处，天文学家托勒密在公元130年左右首先发现并记载了这个星团，所以又名托勒密星团。仅凭肉眼，很难从这片天区里识别出M7，不过从双筒望远镜或者低倍望远镜中可以观测到它们。不像M4和M80，M7是一个由几十颗形成于约两亿年前的亮星组成的疏散星团，其中以蓝星为主，还有一颗红巨星。

赤经：17h 54m，赤纬：−34° 49'

星等：3.3

到地球的距离：800光年

M4星团

与M80不同，球状星团M4呈现出一个松散的结构。M4是刚刚能够用肉眼观测的星等极限，不过用双筒望远镜或者小型望远镜还是很容易发现的，它就位于心宿二的西侧。大型设备中，可以看到直径75光年的星团中的恒星个体。M4距离地球7 200光年，是距离地球最近的球状星团之一。研究表明，星团中130亿年前诞生的白矮星是银河系最年老的恒星。

赤经：16h 24m

赤纬：−26° 32'

星等：5.9

到地球的距离：7 200光年

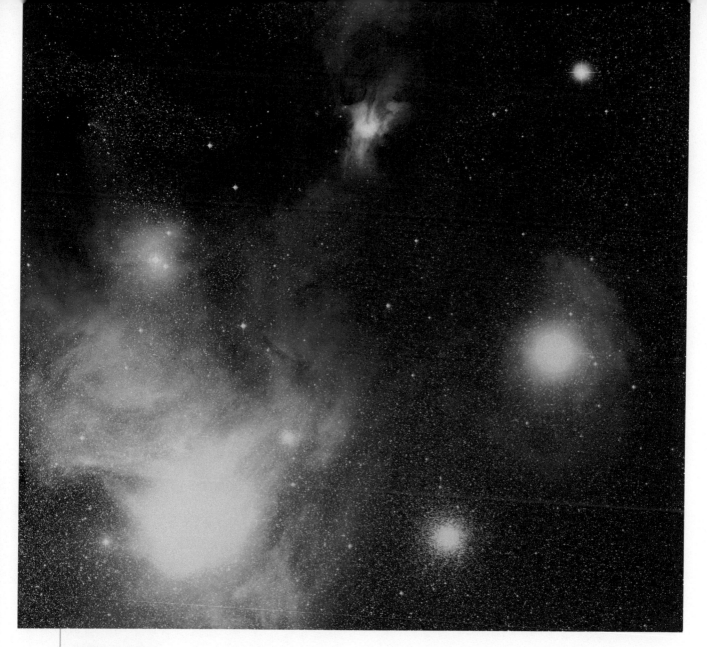

天蝎座大火星

大火星，这颗耀眼的红色恒星是全天第16大亮星，亮度在0.9和1.2之间变化。它是天蝎—半人马OB星协（由大质量恒星构成的星群）中最亮的成员，也是质量最大的一颗，是太阳质量的17倍。大火星快速释放着中心的核能量，年龄只有1 200万年。

在长时间曝光的照片中可以看到，大火星位于致密的星云状物质之中。

赤经：16h 29m，赤纬：−26° 26'

星等：0.9~1.2（变）

到地球的距离：600光年

人马座

位于银河系最为密集区域之一的人马座，散落着数量众多的星云、星团等有趣天体，以及我们银河系的中心。在银河系的星场之前，人马座的亮星组成了一个明显的"茶壶"形。

古时候，有的民族把这个天区看成是战马与骑士，不过古希腊人把它看成半人半马的怪物，背着弓箭。最亮的星是人马座 ε 星，一颗1.8等的白巨星，距离地球145光年。人马座 β 星（中文名天渊一），是一对目视双星，包括一颗4.0等的蓝星和4.3等的白星，分别距离地球380光年和140光年。小型望远镜中可以看到第三颗伴星，亮度7.1等。

人马座的深空天体包括礁湖星云、欧米伽星云、三叶星云（编号分别是M8、M17和M20）。射电源人马座A*是我们银河系的中心，距离地球2.6万光年，靠近人马座 γ 星，不过它隐藏在致密的星云之后。

星座简介

名称：人马座
含义：骑士
缩写：Sgr
所有格：Sagittarii
赤经：19h 06m
赤纬：-28° 29'
所占天区：867(15)
亮星：箕宿三（人马座 ε）

三叶星云

三叶星云M20，距离地球5 200光年，其中的粉色发射星云、蓝色反射星云和星团将这里照耀得异常漂亮，甚至肉眼可见。而暗黑的尘埃带，则将气体云划分成三个面积几乎相同的部分。

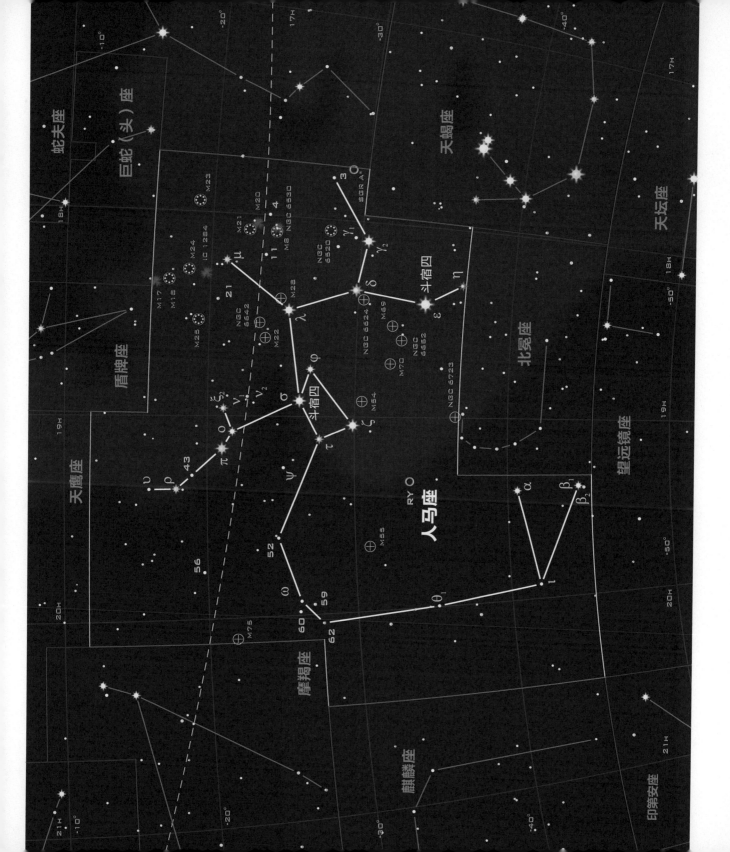

人马座深处

外星访客 M54

第一眼看上去，M54平淡无奇，但它其中隐藏着巨大的秘密。虽然早在1778年，天文学家梅西叶就识别出它并首次把它收录到星表里，但是直到1994年，天文学家通过分析银河系中心及附近星团的密度，发现了正在与我们星系碰撞的小星系的模糊轮廓。正是这个小星系（人马座矮椭圆星系或者Sag DEG）的证认使我们意识到M54与之关联，M54是一个正被银河系捕获的河外星团。

赤经：18h 55m，赤纬：−30° 29'

星等：8.4

到地球的距离：8.7万光年

欧米伽星云 M17

M17欧米伽星云又称天鹅星云，使用双筒望远镜能够很容易找到它的位置：沿着盾牌座向人马座方向，会发现一个小光斑。在大型望远镜中，它的形状很像希腊字母欧米伽"ω"。M17是银河系中最亮、恒星形成最为剧烈的区域之一，如果距离再近一点，它看上去将会非常耀眼。对观星者来说，它依旧是一个很好的观测目标。

赤经：18h 20m，赤纬：−16° 11'

星等：6.0

到地球的距离：约5 500光年

礁湖星云 M8

站在夜空下仰望银河系，可以发现在人马座西侧的这个星云。礁湖星云M8是北半球仅有的两个肉眼可见的恒星形成区之一。在双筒望远镜中，星云的明亮中心延伸有三个满月之宽。在小型望远镜中可以看到它其中的很多细节，包括礁湖状的尘埃带，形如其名。

肉眼可见的星团NGC 6530叠加在星云的东半部之上，它被认为诞生于过去的200万年。

赤经：18h 04m，赤纬：-24° 23'

星等：6.0

到地球的距离：5 000光年

人马座银河系中心

强烈反差

在这张人马座和天蝎座的长时间曝光照片中，银河系中心区域无以计数的恒星闪烁在其中，与人马—船底座旋臂沿线的尘埃带形成鲜明对比。礁湖星云和三叶星云在最左侧，大火星和蛇夫座的星空调色盘在最右侧。图中的白色方框标注了位于银河系中心射电源人马座A*的位置，它距离我们2万光年，比图中其他天体都要远得多。非可见波段如X射线的影像，为我们揭开了银河系中心区域的神秘面纱。

赤经：17h 46m，赤纬：−29° 00'

星等：N/A

到地球的距离：2.6万光年

多波段银河影像

这是美国国家航空航天局的三个空间卫星拍摄的多波段银河系中心区域。黄色的近红外波段是哈勃空间望远镜的数据，红色是斯皮策空间望远镜的深场红外波段数据，蓝色是钱德拉X射线天文台的数据。神秘面纱揭开之后，呈现的是银河系中心区域景象，那里有扭曲的星云、尘埃云，这些都是因为猛烈的恒星风超新星激波，以及很强的引力之间的相互作用而形成的。位于星系中心的人马座A*就位于这幅图像的中心偏右一些。

人马座A*射电源

这幅钱德拉X射线天文台拍摄的银河系中心图片是目前分辨率最高的影像。产生强烈X射的块状气体分布于人马座A*的各个方向，而在云块之间充满了能量相对较低的辐射。哈勃空间望远镜的观测数据显示，人马A*周围存在成团的巨星，围绕着一个比天王星轨道还小、但质量达到400万倍太阳的区域运转。事实上，这里并没有可见的天体与射电源相吻合，星团的质心成为超大质量黑洞存在的决定性证据，而超大质量黑洞也充当着我们整个星系的引力支柱。

摩羯座

这个让人好奇的黄道星座，位于人马座东侧，曾经是太阳到达的最南点。摩羯座有些黯淡无光，最亮的星只有3.0等，所占天区面积是黄道星座中最小的一个，而且亮度也是仅次于巨蟹，倒数第二亮的星座。

　　摩羯座虽然平淡无奇，但却是一个很古老的星座。古巴比伦和亚述人将其看成是"羊和鱼的合体"，其他文化中则认为它代表着山羊、野生山羊或者公羊。希腊天文学家在美索不达米亚文明（巴比伦人、亚述人等）的星座意象基础上又有所发展，将它看成长着羊头形状的野山之神潘恩，为了逃避怪物堤丰变成的一个半羊半鱼怪兽。

星座简介

名称：摩羯座
含义：羊和鱼
缩写：Cap
所有格：Sagittarii
赤经：21h 03m
赤纬：−18° 01'
所占天区：414(40)
亮星：垒壁阵四（摩羯座 δ）

　　星座中最亮的星是摩羯座 δ 星。它是一颗掩食双星，二者在运行中相互遮挡，导致其亮度以24.5小时为周期下降0.2等。摩羯座 α 星是一颗肉眼可见的双星，包括3.6等和4.2等的伴星，不过二者之间相距甚远（分别距离地球108光年和635光年）。在小型望远镜中可以看到这两颗星都有一个较弱的伴星。

俘获星团

球状星团M30是摩羯座值得一提的深空天体，是距离地球2.9万光年、亮度7.7等的致密星团，用双筒望远镜很容易找到它。专业望远镜能够看到它正在经历一个"核心坍塌"的过程，意味着大量恒心在朝向星团中心区域运动。

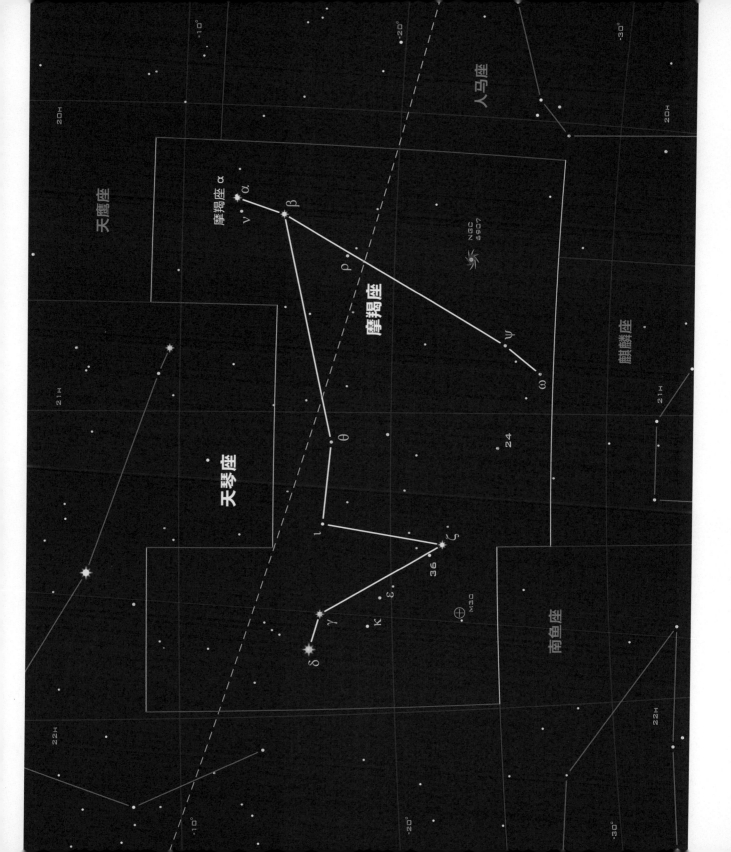

南鱼座和显微镜座

南鱼座是古希腊星座中最南端的一个星座，因为有亮星北落师门而比较容易辨认。显微镜座则要黯淡许多。

　　神话传说中，南鱼常常以双鱼之母的形象出现，饮着从宝瓶座洒出来的水。实际上，双鱼座名气更大。显微镜座则不然，是拉卡耶18世纪50年代创立的现代星座。

　　北落师门，是这片天区中最亮的星，亮度1.2等，距离地球很近，只有25光年。这颗只有3亿年的相对年轻的恒星现在很出名，是因为在它的周围存在着原行星盘（或许已经有行星存在）。南鱼座的 β 星与 γ 星各是一对中等亮度的双星，需要用小型望远镜或者中型望远镜才能观测到其中的伴星。

星座简介

名称：南鱼座 / 显微镜座
含义：南鱼 / 显微镜
缩写：PsA/Mic
所有格：Pisces Austrini/Microscopii
赤经：22h 17m/20h 58m
赤纬：−30° 39'/−36° 16'
所占天区：245(60)/210(66)
亮星：北落师门（南鱼座 α）/ 显微镜座 γ

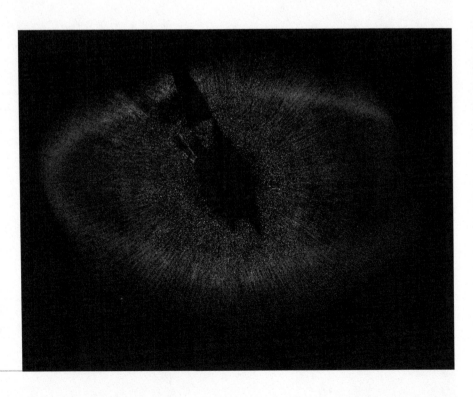

上帝之眼

这张哈勃空间望远镜拍摄的照片十分特别，显示了北落师门周围环状轨道的物质结构（恒星本身位于中心被遮挡的区域）。这个碎屑盘的形状，尤其环状结构的内边缘表明一颗未见行星的存在，质量至少有海王星大小。

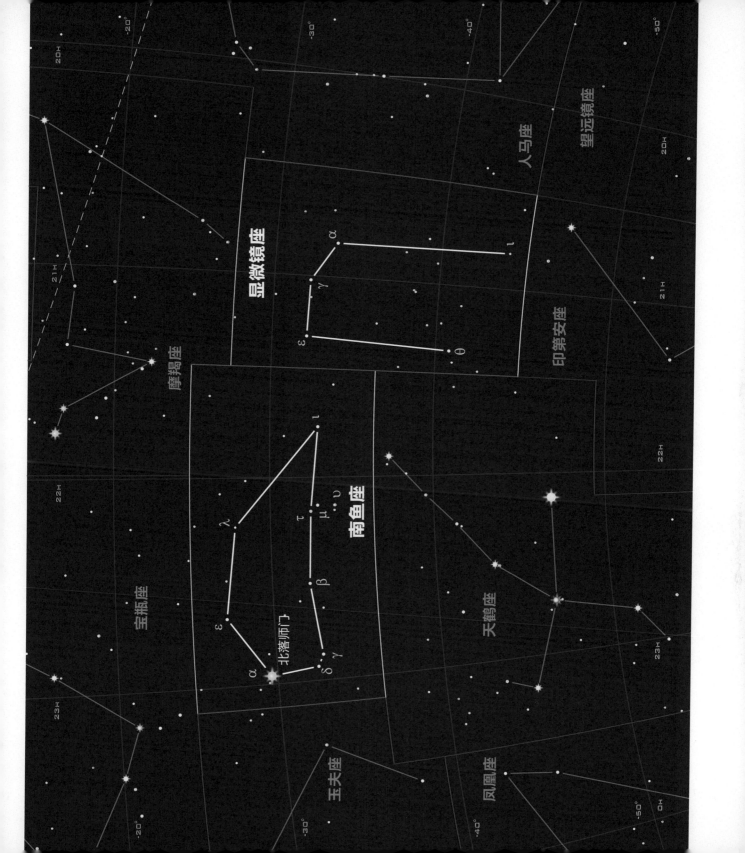

玉夫座和天炉座

这两个星座位于鲸鱼座南侧，深入波江座旋涡之中。玉夫座被想象成一个雕刻家的工作室，天炉座则代表着火炉。二者都有些黯淡，不过每个星座都包含一个重要的星系团。

玉夫座和天炉座都是1763年由法国天文学家拉卡耶创立的南天区星座。拉卡耶是一位非常勤奋的观测者，从1750年开始，他在南非好望角持续观测4年多，将10 000多颗恒星进行了分类记录，不过他创立的这些星座都比较黯淡难以辨认。

玉夫座位于南银极附近，因此适合观测遥远的星系。我们的一些近邻星系，最近的本地星系群就在这个方向上。而天炉座则包含了成员更多、也更远的天炉星系团。天炉座 α 星是一颗双星，距离地球42光年，包括两颗黄色恒星，亮度分别是4.0等和6.5等，用双筒望远镜或者小型望远镜可以看到它们。玉夫座 α 星是一颗亮度为4.3等的蓝巨星，距离地球780光年。

星座简介

名称：玉夫座／天炉座
含义：雕刻家／火炉
缩写：Scl/For
所有格：Sculptoris/Fornacis
赤经：00h 26m/02h 48m
赤纬：−32° 05'/−31° 38'
所占天区：475(36)/398(41)
亮星：玉夫座 α／天炉座 α

天炉座星系团

天炉座是除了近邻室女座星系团（见第92页）之外，全天第二大星系团富集地。天炉座星系团中心距离地球6 500万光年，与波江座星系团有连接，后者距离更远，二者相差2 000万光年。天炉座星系团的中心区域横跨两度，中心有两个巨型星系 NGC 1316 和 NGC 1365，是小型望远镜观测的理想目标。

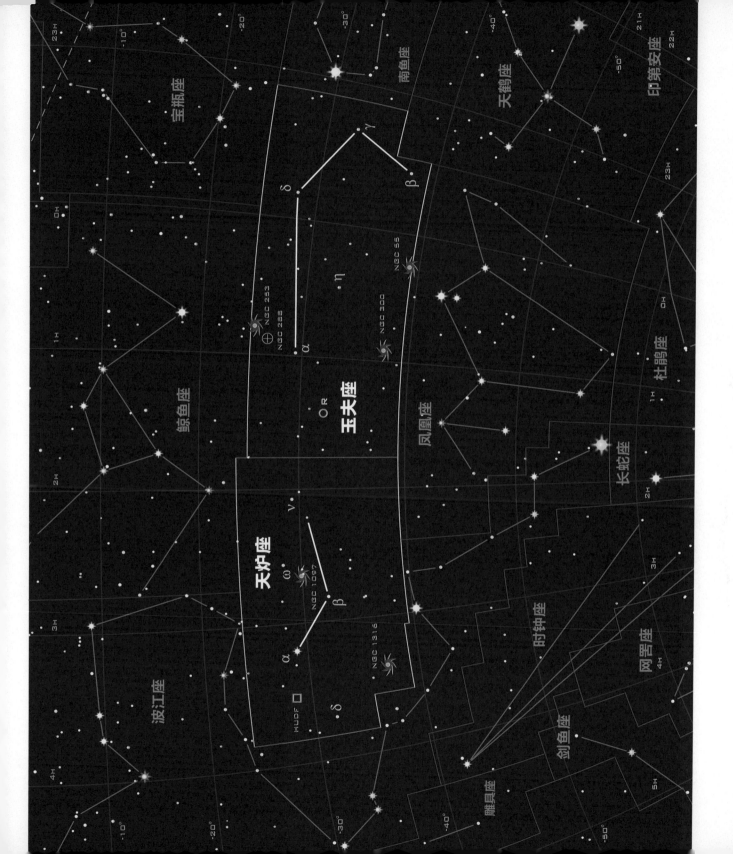

玉夫座和天炉座深处

银币星系 NGC 253

在玉夫座 α 星和鲸鱼座 β 星之间的星系 NGC 253是南天区最亮的星系之一，它距离我们很近，但我们只能看到它的侧面。NGC 253是玉夫座星系群的主要成员，而玉夫座星系群是本星系群之外最近的一个星系群。星系的亮度集中在一个狭长的区域之内，所以很容易利用双筒望远镜看到它，如果利用大一些的望远镜，则可以看到充满斑点状的椭圆形以及其内部的旋涡状结构。NGC 253的旋臂比中心异常明亮，说明旋臂正经历着一波主要的恒星形成爆发。

赤经：0h 48m，赤纬：−25° 17'

星等：7.1

到地球的距离：1 000万光年

有环棒旋星系 NGC 1097

天炉座这个棒旋星系的明亮中心可以在小型望远镜中看到，星系位于天炉座 β 星西北侧，若是使用大型望远镜，则能够看到它的全部结构。NGC 1097的旋臂有恒星正在形成，所以那里很明亮。这种活动特征可能与另一个小型的椭圆星系NGC 1097A（左上角）的相撞有关。这个星系最为独特的特征之一就是围绕着核心有一个完美的恒星形成的圆环结构，这也几乎可以肯定的是，它也与星系的相互作用相关。

赤经：02h 46m，赤纬：−30° 17'

星等：10.2

到地球的距离：4 500万光年

边界线上的星系 NGC 55

这个星系有些特殊，它介于棒旋星系和不规则星系之间。该星系位于玉夫座南端边界上、凤凰座 α 星西北侧。由于它距离玉夫座星系群其他成员不远，一直被看作是玉夫座星系群的成员。然而最近的研究表明，它可能是本星系群的一个边缘成员，或者是一个单独的星系，与这两个星系群都没有关系。NGC 55扭曲的形态几乎可以肯定地说是因为与另一个小型的旋涡星系NGC 300距离太近造成的。

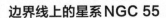

赤经：0h 15m，赤纬：−39° 11'

星等：8.8

到地球的距离：700万光年

哈勃极深场

受"哈勃深场"（见第34页）观测成功的鼓舞，天文学家在2003年将注意力转向一个更有野心的项目。通过百万秒的积分曝光，联合了哈勃可见光数据和哈勃NICMOS相机的近红外波段数据，"哈勃极深场"照片揭示了那些极为遥远的天体。它们由于宇宙膨胀而快速退行，因多普勒效应而移到了红外波段。而这幅图景展现了从现在到宇宙大爆炸之后仅4亿年后的景象。

赤经：03h 33m，赤纬：−27° 47'

星等：<29.0

到地球的距离：超过133亿光年

波江座

这条蜿蜒的一江之水在夜空中穿过，起于猎户座脚下，一直延伸到水委一（波江座 α 星）：一颗以每秒 250 公里自转的亮星。

　　希腊天文学家总是将波江座与虚虚实实的江河联系在一起。不过，古时候的波江座到 θ 星就截止了。直到欧洲文艺复兴的探险家指出，在地中海的纬度上还可以看到北方看不到的亮星之后，波江座又向南延伸，变成现在的样子。

　　水委一名字来源于阿拉伯语，意为"大河的尽头"，距离地球 143 光年，是一颗亮度为 0.5 等的蓝白星。它也是夜空中自转速度最快的恒星之一，速度很快导致其赤道部分比两极部分突出了一半。在这个星座中还有其他几个有趣的恒星，比如类太阳恒星波江座 ε 星和双星系统波江座 40。小型望远镜中可以看到 4.4 等的主星和 9.5 等的伴星，后者也是全天最容易观测到的白矮星。

星座简介

名称：波江座
含义：大河
缩写：Eri
所有格：Eridani
赤经：03h 18m
赤纬：–28° 45'
所占天区：1 138(6)
亮星：水委一（波江座 α）

波江座 ε 星

它是距离地球第三近的类太阳系统，亮度 3.7 等，距离地球 10.5 光年。其质量是太阳的 0.8 倍，年龄近 10 亿年。红外超的辐射最初表明，波江座 ε 星很可能被具有行星形成的尘埃盘所围绕。波江座 ε 星被原始行星盘围绕着。2000 年，确认了一颗巨行星，其轨道周期是 7 年。现在所知，这个系统可能包括两个岩质小行星带，以及至少另外一颗行星。

天兔座

在猎户座南侧，几颗暗星组成了一个"领结"的形状，它被想象为一只奔跑着的兔子。星座中的四颗星组成四边形，在阿拉伯语中，时常被称为"猎户的宝座"。虽然这里缺乏有趣的深空天体，不过还是有一些迷人的恒星。

星座简介

名称：天兔座
含义：兔子
缩写：Lep
所有格：Leporis
赤经：05h 34m
赤纬：−19° 03'
所占天区：290(51)
亮星：厕一（天兔座 α）

天兔常被看作是猎户的猎犬追逐的那只兔子，经常隐藏在猎户屈膝之下，并不引人注目，因为猎户总是朝向金牛。一些阿拉伯天文学家则将它看成是正在饮用波江水的一对骆驼。

天兔座 α 星，是一颗少有的白巨星，亮度2.6等，距离地球1 300光年，亮度是太阳的1.3万倍。天兔座 γ 星，是一颗迷人的双星，包括3.6等的黄星和6.2等的橙色星，利用双筒望远镜或者小型望远镜即可分辨。在主要恒星图案的南侧是M79，一个8.6等的球状星团，距离地球4 100光年，可以利用小型望远镜进行观测。

海德的红星

在天兔座西侧边缘，用双筒望远镜可以看到天兔座R星，也被称为"欣德深红星"——夜空中最亮的红色恒星之一，距离地球1 500光年，与鲸鱼座的刍藁增二（见第118页）一样，是一颗长周期变星。其亮度和大小的变化非常缓慢，通常是以420天为周期，亮度在7.3和9.8等之间变化。不过有时可以达到肉眼可见的程度，亮度达到5.5等。

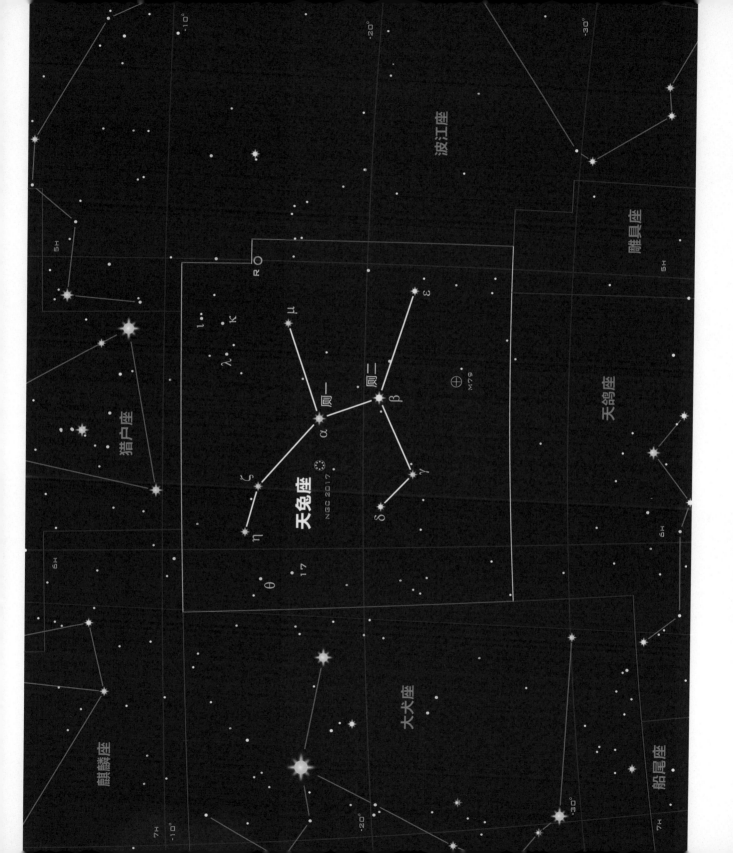

雕具座和天鸽座

这两个小星座位于天兔座南侧，介于猎户座和船帆座、船底座的赤道恒星之间。天鸽座相对比较明亮，而较暗的雕具座是全天第八小的星座。

天鸽座由荷兰神学家和天文学家皮特鲁斯·普兰修斯创立，他在1592年出版的星座列表当中，加入了几个与圣经有关的星座，意欲用天鸽座代表诺亚方舟上的鸽子。而雕具座则是法国天文学家尼古拉·路易·德·拉卡伊在18世纪50年代创立的。

天鸽座 α 星是一颗快速旋转的蓝白星，亮度2.6等，距离地球530光年。因为自转的缘故，它会从赤道附近抛出物质，形成一系列的环状结构，从而使得它的亮度发生轻微变化。另一个有趣天体是天鸽座 μ 星，是一颗从星云中逃离出来的炙热蓝色恒星，亮度5.1等，距离地球约1 300光年。像御夫座AE（见第28页）那样，它在空间中快速移动的轨迹，可以表明它最初来自于猎户座星云。

星座简介

名称：雕具座/天鸽座
含义：雕具/鸽子
缩写：Cae/Col
所有格：Caeli/Columbae
赤经：04h 42m/05h 52m
赤纬：−37° 53'/−35° 06'
所占天区：125(81)/270(54)
亮星：雕具座 α/丈人一（天鸽座 α）

混合球状星团

NGC 1851位于天鸽座西南角，是夜空中更为遥远的球状星团，距离地球3.95万光年。不过，虽然距离远，但它还是比较明亮的，亮度为7.3等，利用好的双筒望远镜可以看得比较清楚。NGC 1851有着非同寻常的特性，它可能是历史上两个单独球状星团合并而成的。

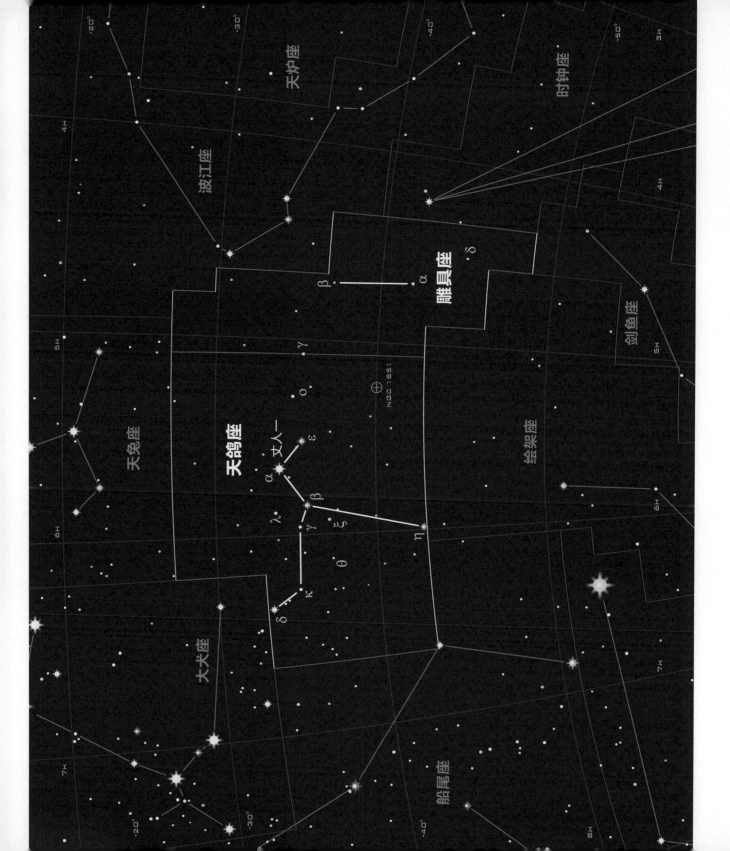

船尾座

这里是天空之船最北端的部分，位于船底座南侧和东侧接近赤道的天区，正好穿过银河系。这个星座是致密星云、星团聚集地，同时也有一些系外行星系统。

　　这是那艘天上大船阿尔戈号的船尾部分。古时候，希腊观星者把这个星座当作一艘巨型船只，在每年北半球春季的时候，穿过南侧地平线行驶而来。后来，天文学家将其分成三部分，分别是船尾座、船底座和船帆座。

　　原来星座被四分五裂后的一个后果是，三个星座中的亮星共享了一套用希腊字母标注的"拜尔星表"排序。因此，船尾座的最亮星弧矢增二十二只能被标注成船尾座ς。这个炽热的蓝星年龄400万年，亮度2.2

星座简介

名称：船尾座
含义：船尾
缩写：Pup
所有格：Puppis
赤经：07h 15m
赤纬：−31° 11'
所占天区：673(20)
亮星：弧矢增二十二（船尾座ς）

等，距离地球1 100光年。另一个亮星是船底座L星，也是一个视向双星，在双筒望远镜里很容易分别其中的伴星。北侧的伴星，船底座L1星，一颗4.9等的蓝白色恒星，其南侧的红色L2星，亮度以141天为周期在2.6和6.2等之间变化。

恒星生成区

这张哈勃空间望远镜拍摄的NGC 2467中，火热而沸腾的气体犹如巫婆的大锅。星云位于船底座o星附近，正好形成了亮度为7.1等星团的背景，我们可以在双筒望远镜里看到它。与表象不同，星团里的恒星其实比星云距离我们更近。

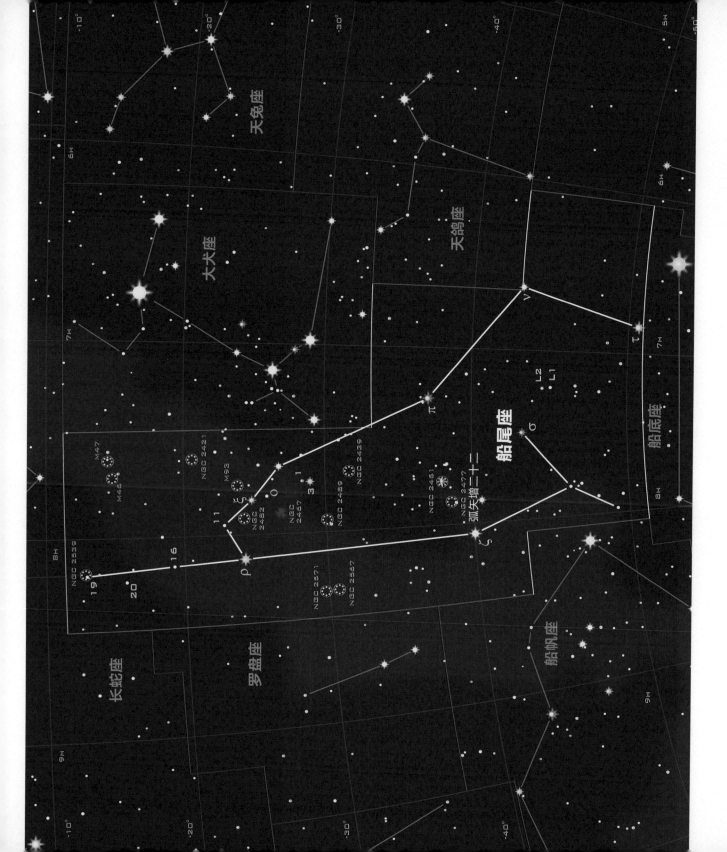

唧筒座和罗盘座

想要寻找这两个暗弱星座，需从人马座西侧、船尾座东侧的空白区域中搜寻，它位于船帆座亮星的北侧。唧筒座和罗盘座都是18世纪法国天文学家拉卡耶创立的。

　　总的而言，这两个星座图案所代表的含义都不能让人信服。如大多数拉卡耶星座一样，它们大都代表的是当时所使用的科学仪器。这次的主角分别是17世纪法国物理学家丹尼斯·裴品发明的指南罗盘（罗盘座）和气动泵（唧筒座）。

　　唧筒座 ς 星是一个假的双星，之所以说它假的，因为从双筒望远镜里虽然能够看到它的5.8等和5.9等的两颗白星，也尽管二者距离差不多相同（大约370光年），但是它们并没有束缚在一起相互绕转，所以只是一对视向双星而已。小型望远镜里，可以看到西侧伴星（ς1）本身则是一颗双星，拥有6.2等和7.0等两颗伴星。罗盘座 τ 星是一颗再发新星，距离地球6 000光年，常规的亮度暗淡至13.8等。每隔20年到30年，它会增亮成新星，使用双筒望远镜就可以观察，甚至肉眼就能看得很清楚（最近一次爆发是1996年）。

星座简介
名称：唧筒座 / 罗盘座
含义：气筒 / 罗盘
缩写：Ant/Pyx
所有格：Antliae/Pyxidis
赤经：10h 16m/08h 57m
赤纬：−32° 29'/−27° 21'
所占天区：239(62)/221(65)
亮星：唧筒座 α / 罗盘座 α

倾斜的旋涡星系

NGC 2997是位于唧筒座 θ 星西南侧的一个明亮旋涡星系，倾角大约45度。它距离地球4 000万光年，是一个包括它自身在内的小星系群的引力中心。夜空中，它的视直径约是满月的三分之一，该星系10.1等的亮度对于小型望远镜来说是个挑战。如果要看到这个星系的细节，那么就需要大型的设备。

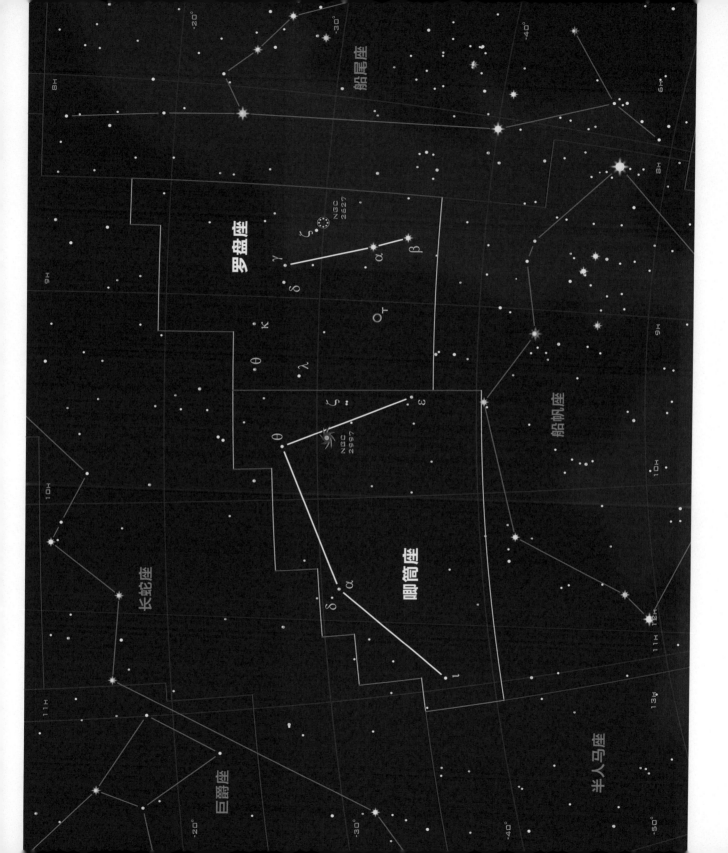

船帆座

船帆座是一个非常规八角形，在夜空中并不明显，其名气主要源于它里面的亮星，以及其坐落在人马和天鹅座之东、船底座之西的有利位置。星座中最大的发射星云——古姆星云就位于此，并延展至船尾座。

　　船帆座代表着阿尔戈号船的船帆，这个船被切分成了三段。在希腊神话里，船只阿尔戈号是詹森在天后赫拉的庇护下，夺取金羊毛时乘坐的船。

　　星座中最亮的 γ 星是一颗 1.8 等的复杂聚星。双筒望远镜里，能够看到其中一颗 4.3 等的伴星，小型望远镜里还可以看到另外两颗 8.5 等和 9.4

星座简介

名称：船帆座
含义：船帆
缩写：Vel
所有格：Velorum
赤经：09h 35m
赤纬：-47° 10'
所占天区：500(32)
亮星：天社一（船帆座 γ）

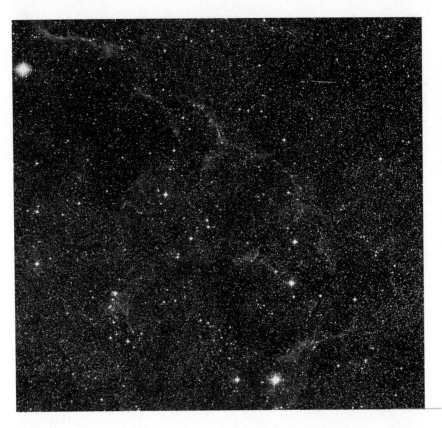

等的伴星。对 γ1 的光谱分析表明，它其实也是一颗双星，包括 10 倍于太阳质量和 30 倍于太阳质量的两颗成员星。船帆座 δ 星也是一颗聚星，其中比较明显的是 2.0 等的白色恒星、5.1 等的黄色恒星。还有一个肉眼可见的有趣疏散星团 IC 2391，它的中心为船帆座 o 星。

船帆座超新星遗迹

船帆座 γ 星西北侧是一张巨大的网状天体，那便是船帆座超新星遗迹（SNR）所在，它是 1.1 万年前恒星爆炸后炙热气体蔓延后的样子。对于肉眼观测者来说，船帆座超新星遗迹是极其暗淡的，而在长曝光的照片中则可一睹其芳容。

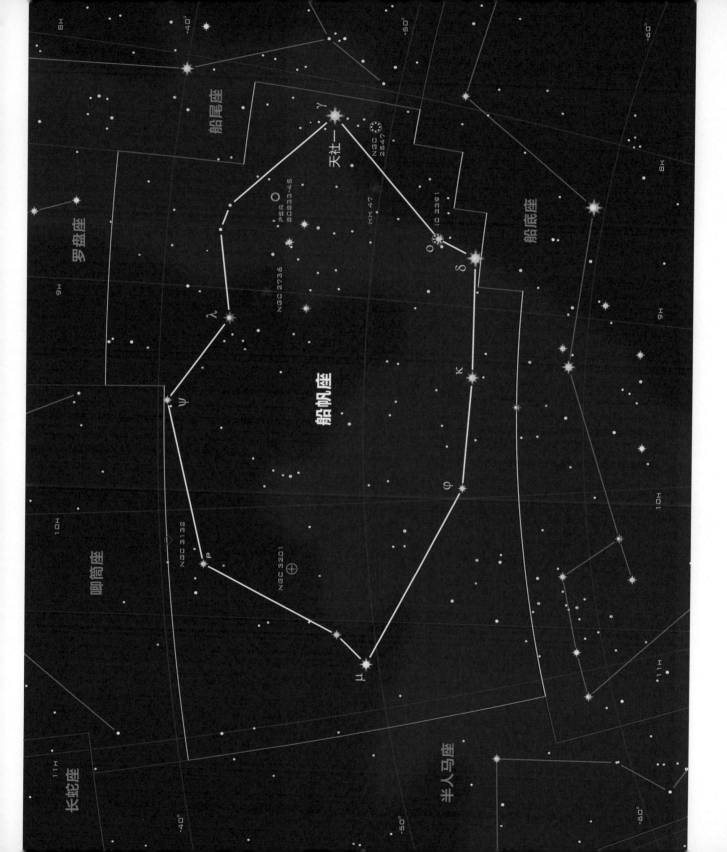

船帆座深处

HH47

赫比格-阿罗天体（HH）是一种双瓣结构的星云，位于年轻恒星的两侧，通过喷流与星云相连接。它们是由快速自转的恒星，将多余的物质沿着转动轴方向抛射而形成的。当这些高速喷流进入星际空间后，它们可能会遭遇气体和尘埃，形成发光的激波。HH47是迄今为止最为出名、研究最为透彻的赫比格-阿罗天体，在喷流上可以找到很多复杂的节点。哈勃照片显示了其两侧星云处的激波波前。

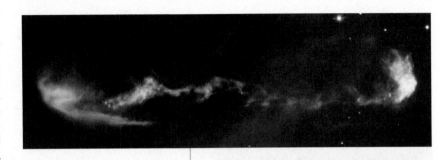

赤经：08h 26m，赤纬：-59° 03'

星等：约10.0（变）

到地球的距离：1 470光年

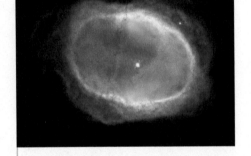

船帆座脉冲星 PSR B0833-45

在船帆座超新星遗迹中心，有一颗高速自转的中子星，每隔89毫秒，就会向地球发射一束由射电、X射线和伽马射线组成的信号。这个脉冲信号由死亡恒星残骸周围的强大磁场产生，将辐射送入到扫过天空的两个狭长集束中。脉冲星的X射线观测显示，系统存在着另外一对集束，沿着脉冲星转动方向的喷流，它们能够向周围的星云注入高能粒子，就像失控的消防水龙头一般。

赤经：08h 35m，赤纬：-45° 11'

星等：23.6

到地球的距离：815光年

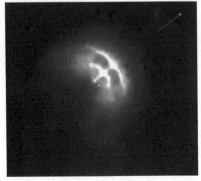

双环星云 NGC 3132

这个明亮的行星状星云位于船帆座北沿，在亮度为3.8等、三合星船帆座p星的西北处。通过小型望远镜可以看到一个比木星大一些的光盘状结构，中心处则是一颗10.0等的恒星。令人意外的是，中心恒星还有一颗16.0等的伴星（观测难度超出了绝大多数业余观测设备的能力），正是它形成了周围环绕的星云——那颗看起来更亮的恒星只是一个"无辜的路人"。

赤经：10h 07m，赤纬：-40° 26'

星等：9.9

到地球的距离：2 000光年

铅笔星云 NGC 2736

铅笔星云是船帆座超新星遗迹中在可见光波段最亮的一部分，其激波在太空蔓延的速度大约是每小时65万公里。当激波波前的粒子与星际介质相碰撞时，星际介质粒子被激发，产生长约四分之三光年的发光激波，并以惊人速度移动。铅笔星云由赫歇尔1835年在好望角工作时发现，当时他并没有将其与超新星遗迹联系起来，最近的研究才陆续证实了这一点。

赤经：09h 00m，赤纬：–45° 54'

星等：12.0

到地球的距离：815光年

船底座

船底座是詹森和阿尔戈英雄求取金羊毛时所乘大船阿尔戈号的最亮部分。船底座有全天第二亮星：老人星，所以不可能认错。它也是银河系南段富集区所在。

老人星的名称来自搭载希腊军队远征特洛伊城的船长。相比较天狼星是−1.4星等，老人星亮度−0.7等，但老人星在其他各种观测数据上显然更胜一筹：距离地球315光年，是天狼星的30倍。它是一颗黄白巨星，亮度是太阳的1.5万倍、天狼星的600倍。

星座中还有一个亮点是船底星云NGC 3372。肉眼看来，那是一个银河系中4倍于满月直径的亮斑，用双筒望远镜或者小型望远镜看起来很令人兴奋，包括许多有趣的特征（见第184、185页）。除此之外，还有两个星团也是肉眼可见：许愿井星云NGC 3532 和南昂星团IC 2602。

星座简介

名称：船底座
含义：船骨
缩写：Car
所有格：Carinae
赤经：08h 42m
赤纬：−63° 13'
所占天区：494(34)
亮星：老人星（船底座 α）

神秘高山

这个奇异的景象是船底星云中很多恒星形成过程共同作用的结果，距离地球7 500光年。暗黑的山峰类似于"创生之柱"，被附近亮星发出的辐射逐渐侵蚀。

船底座深处

大质量星团NGC 3603

1834年，当英国的天文学家约翰·赫歇尔工作的时候，他最先发现了这个星团，起初他认为是一个球状星团。实际上，NGC 3603是一个致密的疏散星团，年龄可能只有100万年，是银河系中大质量恒星聚集度最高的地方。虽然星团被致密气体尘埃云重重包裹，强大的射线和恒星风却将周围清理得干干净净，令自己以完美身姿呈现在太空中。

赤经：11h 15m，赤纬：-61° 16'

星等：9.1

到地球的距离：2万光年

子弹星系团1E-0657-558

子弹星系团位于船底座西侧的空白角落处，利用高倍望远镜可以发现这个遥远的星系团，距离地球37亿光年。子弹星系团形成于1.5亿年前的一次剧烈的星系团合并过程中。这张照片显示了碰撞星系中的质量（蓝色）和产生X射线气体（粉色）的分布情况，它揭示了尽管星系团气体迎头碰到了一起，但是星系本身和占绝大多数质量的神秘暗物质，在过程中都没有产生相互影响。

赤经：06h 59m，赤纬：-55° 57'

星等：14.2或更暗淡

到地球的距离：37亿光年

船底座 η 星边缘的恒星

这张船底座大星云的广域影像，揭示了星云中心船底座 η 星附近呈球形的"侏儒星云"。船底座 η 星的亮度是4.6星等，并以未知周期变化：1843年，它达到最亮的时期，是全天第二大亮星。船底座 η 星包括一对蓝巨星，质量达到60倍到80倍太阳质量，它们释放的能量比太阳要强烈几十万倍。在天文学上可预期的未来，两颗成员星都将以超新星爆发的形式结束自己的生命。

赤经：10h 45m，赤纬：−59° 41'

星等：约4.6（变）

到地球的距离：7 500光年

船底座大星云 NGC 3372

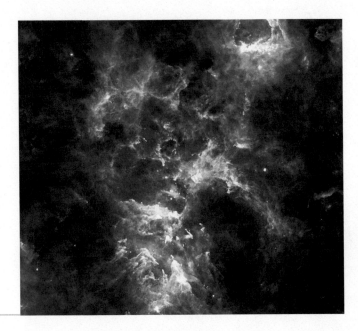

赫歇尔的视角

这张生动的照片是欧洲空间局赫歇尔天文台拍摄的，旨在利用红外波段探索更远和宇宙中一些最冷的天体。其中，可见光部分星云周围存在大量的不可见气体，这样算来，整个星云的质量是太阳的65万倍到90万倍。尽管其他仪器看不到，这些气体也是受到形成星云其他部分作用力的影响，在星云中诞生的超热恒星，使得许多地方呈现出柱状或者气泡状的结构。

赤经：10h 45m，赤纬：−59° 52'

星等：1.0

到地球的距离：7 500光年

哈勃靓照

这是利用哈勃空间望远镜的48张照片拼接而成的船底星云，这里展现的是其中一部分，横跨十余光年，而整个星云直径有200多光年。左侧不透明的气体尘埃环是钥匙孔星云顶部的一部分，这个暗星云是船底星云中最为明显的特征之一。在中心处，是几个单独的博克球状体。这些从"创生之柱"那里分离出来的气体尘埃团块，其中或许包括了婴儿恒星甚至恒星系统。

红外影像

这是船底座美丽的近红外影像，由位于智利阿塔卡马沙漠的欧南台甚大望远镜HAWK-1相机拍摄，揭示了迄今为止最超乎想象的气体弧，靠近船底座 ε 星（左下角），黑暗的恒星形成区、黄色代表了之前没有被发现过的较冷恒星，中心是壮观的特朗普勒14星团。这个星团是星云新生恒星的所在地，年龄只有50万年，在大约6光年的范围内就蕴含2 000颗恒星。

南十字座

这是全天最小的星座，也是最别致的星座之一，位于人马座的身躯之下。古希腊人早就知晓它，直到16世纪，欧洲航海家再次将其"挖掘"出来。

这个被重新命名的星座，其起源还不十分确定，可能是在16世纪创立的。天文学家早就熟知那里的恒星，不过把它们都看成是人马座的一部分。南十字座中明亮的三颗星（α、β、δ）都是蓝白巨星，距离地球320光年到350光年。像这个天区其他的亮星一样，它们也属于天蝎—半人马OB星协，年龄在一两千万年之间。南十字座 α 星是一颗双星，包括1.3等和1.7等的两颗伴星，利用最小的望远镜就可以把它们区分开来。

南十字座第四颗星：南十字座 γ 星，是一颗1.6等的红巨星，距离地球88光年。南十字座大部分都因璀璨的银河背景而闪耀非凡，著名的暗星云"煤袋星云"，占据了南十字座西南侧的大部分。

星座简介
名称：南十字座
含义：十字架
缩写：Cru
所有格：Crucis
赤经：12h 27m
赤纬：−60° 11'
所占天区：68(88)
亮星：十字架二（南十字座 α）

太空珠宝盒

疏散星团NGC 4755是南半球夜空中的亮点，亮度4.2等。肉眼看来，这个天体是一团光斑，它位于南十字座 β 星的东侧，南十字座 κ 星是星团中最亮的恒星，亮度5.9等。通过双筒望远镜或者小型望远镜，能够看到星云中点缀的颗颗亮星，它们大多是蓝白巨星，只有一颗7.6等的红巨星在其中，显得有些另类。珠宝盒星团的距离比南十字座的亮星要远，大约是6 400光年，年龄为1 400万年。

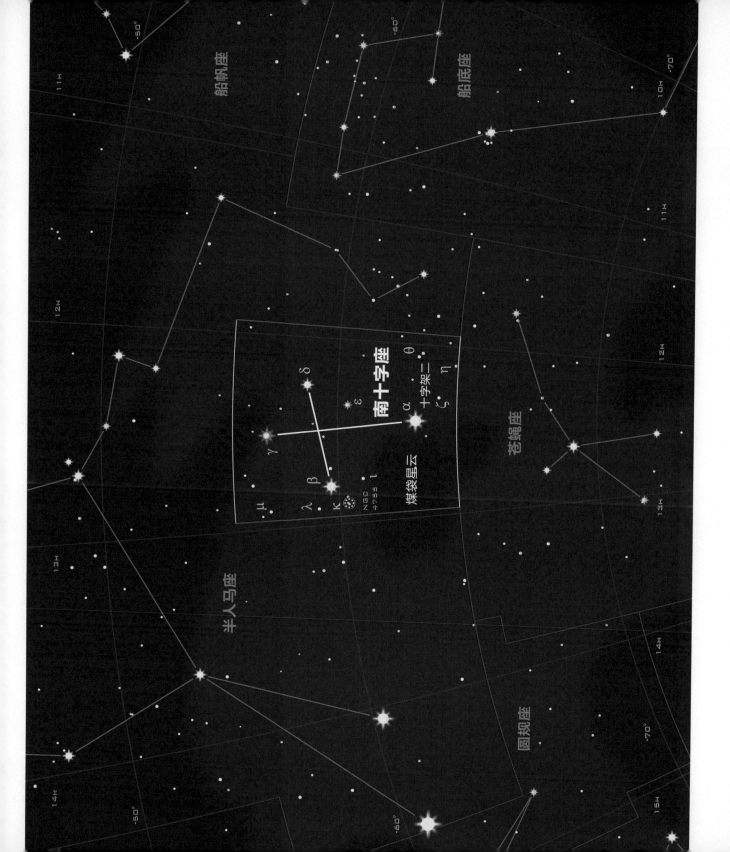

苍蝇座

这个小巧明亮的星座坐落在南十字座南侧的银河系附近，因而比较容易识别。这个位置的星座照例包括了一些有趣的天体。独特的是，这个星座的身份在最近的时候，从一个昆虫变成了另外一个。

苍蝇座是在16世纪后期由荷兰神学家皮特鲁斯•普兰修斯根据荷兰航海家带回来的观测数据而创立的。起初，它被看成是蜜蜂。1752年，天文学家拉卡耶为了区分天燕座（译者注：英文中的蜜蜂Apis和天燕座的英文Apus非常的接近）（见第214页），将其改名为苍蝇座。

苍蝇座 α 星是大质量蓝白星，亮度2.7等，距离地球315光年。苍蝇座 β 星则稍微更远一些，是一个亮度为3.0等的双星系统，是由两个差不多一样的恒星构成，利用一个高倍率的小型望远镜就很容易将两者区分开来。苍蝇座 θ 星也是一颗双星，其两个星分别是5.7等和7.3等。两颗星都是炙热的大质量蓝恒星，相对较暗的是一颗少有的沃尔夫－拉叶星，在它的一生演化过程当中，通过星风的方式，已经将很大质量的物质吹掉了，从而暴露了内部更热的结构。

星座简介

名称：苍蝇座
含义：苍蝇
缩写：Mus
所有格：Muscae
赤经：12h 35m
赤纬：−70° 10'
所占天区：138(77)
亮星：苍蝇座 α

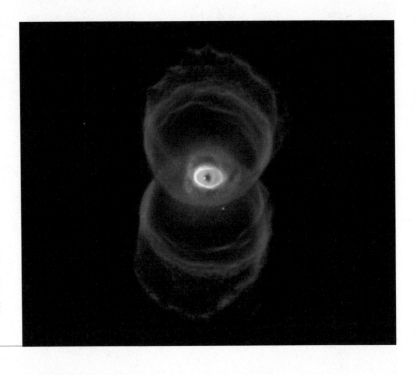

沙漏星云

著名的沙漏星云MyCn 18是一个行星状星云，位于苍蝇座西北侧，距离地球8 000光年，亮度13.0等。由于太暗弱，已经超出了业余设备的观测能力。直到1996年，哈勃空间望远镜捕获了这张照片，其真正结构才被揭晓。

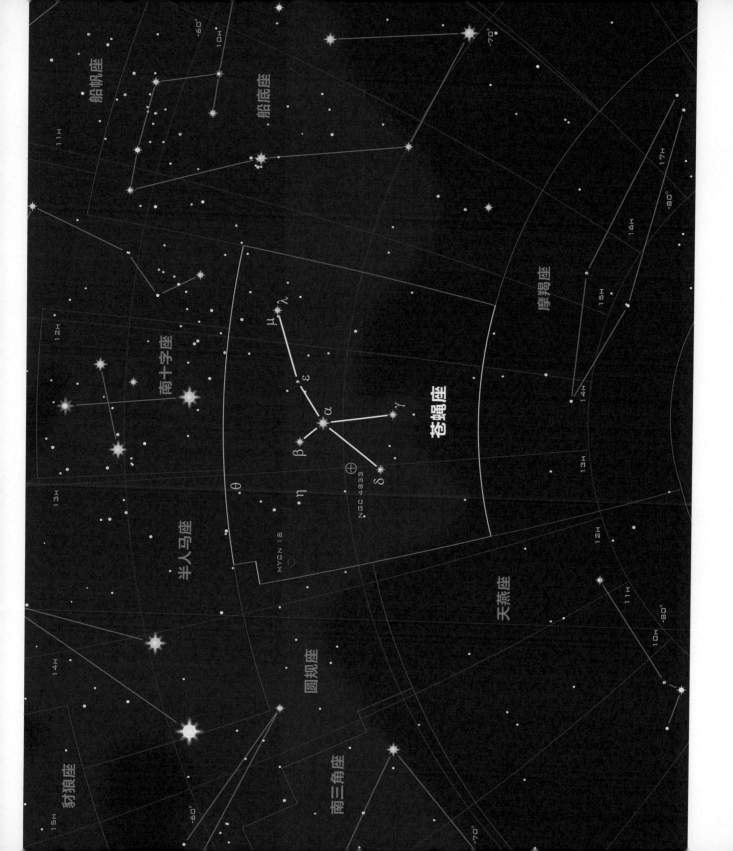

圆规座和南三角座

这两个星座都呈现三角形的形状：一个细长，一个宽并且几乎等边，位于南半球夜空半人马座 α 星、β 星东侧。

南三角座是两个星座里较古老的一个，1603年首次在《测天图》中被提及，可能是在之前由荷兰航海家凯泽命名的。直到18世纪50年代，另一个窄窄的三角形：圆规座，才由法国天文学家拉卡耶创立。

南三角座 α 星是一颗橙巨星，亮度1.9等，距离地球大约415光年；圆规座 α 星是一颗白巨星，亮度3.2等，是盾牌座 δ 变星的一种，亮度常常会在短短的几分钟内发生变化。圆规座 γ 星是有趣的双星，包含一颗5.1等的蓝白恒星和5.5等的伴星，后者实际上是白色恒星，但有时看起来会呈现黄色。南三角座的NGC 6025是一个5.1等的紧密的疏散星团，在双筒望远镜里就可见。

星座简介

名称：圆规座 / 南三角座
含义：圆规 / 南三角
缩写：Cir/TrA
所有格：Circini/Trianguli Australis
赤经：14h 35m/16h 05m
赤纬：−63° 02'/−65° 23'
所占天区：93(85)/110(83)
亮星：圆规座 α 星/三角形三（南三角座 α）

三角星系

尽管距离地球相对较近，大约只有1 300万光年，但是由于南三角座中银河系致密星云的遮挡，这个星系直到20世纪70年代才被发现。如今，这个星系被称为ESO97−G13，是距离我们最近的活动星系核的例子，它有一个明亮的核心，中心的超大质量黑洞会向外释放出大量的辐射。

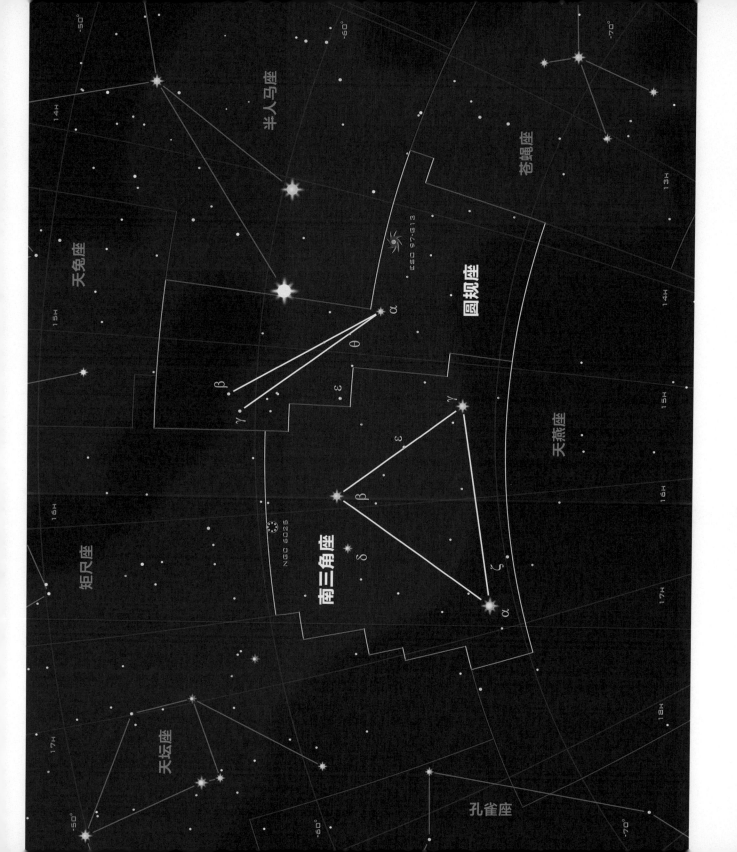

矩尺座和天坛座

这两个星座位于人马座南侧的银河系恒星富集区。它们的恒星并不特别，不过有很多有趣的深空天体，比如星团。虽然天坛座不是十分夺目，但却是一个很古老的星座。

　　早期，天坛座被美索不达米亚的观星者看作是神圣的祭坛。1 000多年后，希腊人将其看成奥林匹斯诸神的神坛，也是在公元2世纪，它被天文学家托勒密列为48星座之一。矩尺座则不然，直到18世纪50年代才被拉卡耶确认创立。

　　矩尺座 γ 星是一个视线的双星，包括一颗5.0等、距离地球1 450光年的黄超巨星和一颗4.0等、距离地球127光年的黄巨星。这对双星肉眼即可分辨出来。矩尺座S星位于星团NGC 6087中心部位，是另外一颗黄超巨星，也是与仙王座造父变星（见第22页）相似的变星，每9.8天，其亮度在6.1和6.8等之间变化。天坛座的NGC 6397是距离地球很近的球状星团之一，只有7 200光年，利用双筒望远镜就很容易观察到它。

星座简介

名称：矩尺座 / 天坛座
含义：矩尺 / 天坛
缩写：Nor/Ara
所有格：Normae/Arae
赤经：15h 54m/17h 22m
赤纬：−51° 21'/−56° 35'
所占天区：165(74)/237(63)
亮星：矩尺座 γ2 星/天坛座 β 星

巨引源 Great Attractor

隐藏在矩尺座当中的银河系之后，有一个致密的星系团艾贝尔3627，常被称为矩尺座星团，距离地球2.2亿光年，最好利用X射线波段（如左图所示）就可以看到其内部的恒星云结构。星系团之所以在这里，是与一个神秘的天体有关：巨引源，一种致密的物质聚集所在，吸引着宇宙物质向其运动。

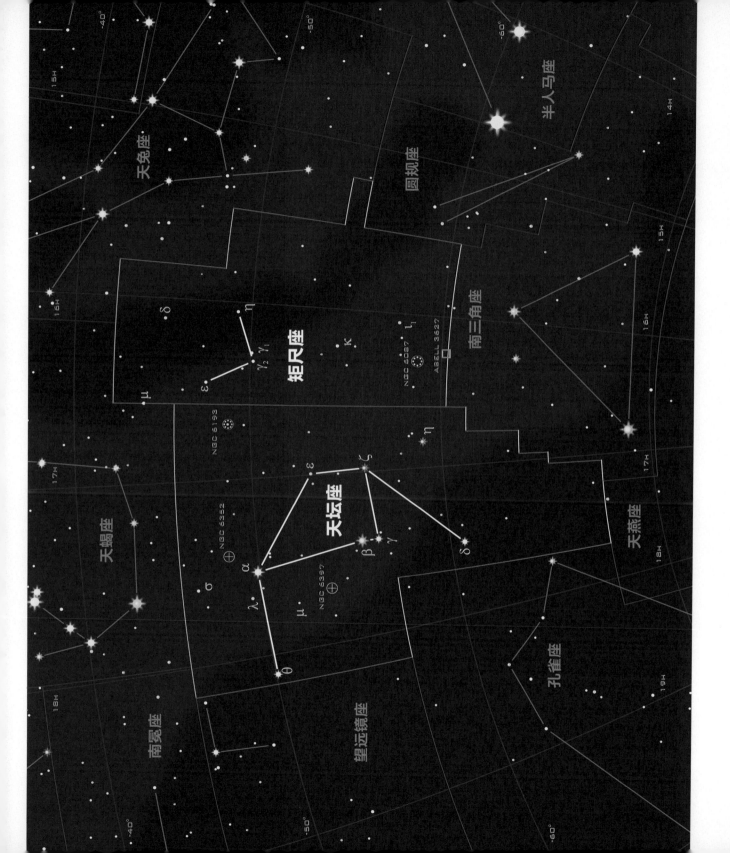

南冕座和望远镜座

古老的南冕座位于人马座正南侧，恒星构成的弧形结构很容易识别，与北冕座遥相呼应。南冕之南，则是默默无闻的望远镜座。

　　南冕座也是一个古代星座，其纬度足够高，甚至在希腊都能看到，常常与酒神巴克斯或者人马联系在一起。望远镜座是18世纪由拉卡耶命名的，可能是全天最为暗淡的星座了。

　　南冕座 γ 星是一个有趣的双星，在小型望远镜里可以看到4.8等和5.1等的两颗近乎孪生的黄色恒星。南冕座 η 星和 κ 星，都是视线双星，在双筒望远镜中更容易分辨。对观星者来说，这个星座的深空天体是明亮而致密的球状星团NGC 6541，距离地球2.3万光年，亮度6.3等。它是1826年3月19日由意大利巴勒莫天文台的尼克罗·卡恰托雷发现的。

星座简介

名称：南冕座/望远镜座
含义：南冕/望远镜
缩写：CrA/Tel
所有格：Coronae Australis/Telescopii
赤经：18h 39m/19h 20m
赤纬：−41° 09'/−51° 02'
所占天区：128(80)/252(57)
亮星：鳖六（南冕座 α）/望远镜座 α

南冕座R星

年轻的变星南冕座R星距离地球420光年，其附近区域是复杂的暗反射、发射星云所在地。作为距离地球最近的恒星形成区之一，它让我们有机会一瞥类似于太阳的质量较小恒星的诞生地。那里的恒星不会释放产生壮观恒星形成区的高能辐射，所以星云的颜色要黯淡很多。

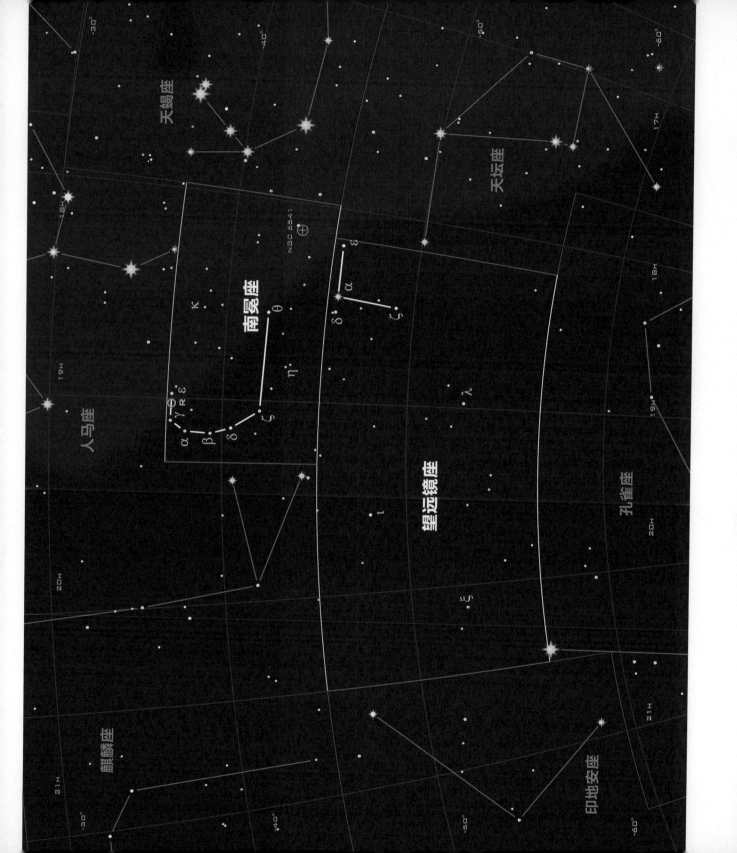

孔雀座

孔雀座位于北冕座和望远镜座南侧，是1597年皮特鲁斯·普兰修斯基于荷兰航海家的数据创立的南天区鸟类星座之一。它很容易通过星座内的名为孔雀星的亮星来定位。

尽管大多数的恒星都有着古希腊、拉丁文或者阿拉伯语的词根，然而孔雀座 α 星的名字确实没那么久远，是因为这颗恒星被收录在了20世纪30年代英国皇家空军的导航手册里，而每一个收录在手册中的恒星必须有合适的名字，所以才给它们起了新的名字。孔雀座 α 星当时就被称为"孔雀"。

亮度为1.9等，明亮的蓝色孔雀座 α 星是一个分光双星，即能够从光谱分析中得出双星性质，却不能肉眼分辨出来。孔雀座 κ 星是一个脉动的造父变星，是距离地球490光年的黄色巨星，每9.1天亮度会在3.9和4.8等之间变化。孔雀座δ星，距离地球20光年，亮度3.6等，质量与太阳相当，不过比太阳年龄略大，已经处在演变到红巨星的阶段。

星座简介

名称：孔雀座
含义：孔雀
缩写：Pav
所有格：Pavonis
赤经：19h 37m
赤纬：−65° 47'
所占天区：378(44)
亮星：孔雀十一（孔雀座 α）

明亮的球状星团

孔雀座北侧的NGC 6752是全天第三亮球状星团，亮度5.4等，在双筒望远镜里很容易看到，视直径大约有三分之二满月大小。NGC 6752距离地球1.3万光年，横跨100光年的天区中包含有10万颗恒星。这张哈勃空间望远镜拍摄的照片是星团中心约10光年的区域，可以看到，越靠近星团中心，恒星密度就会以指数方式增加。

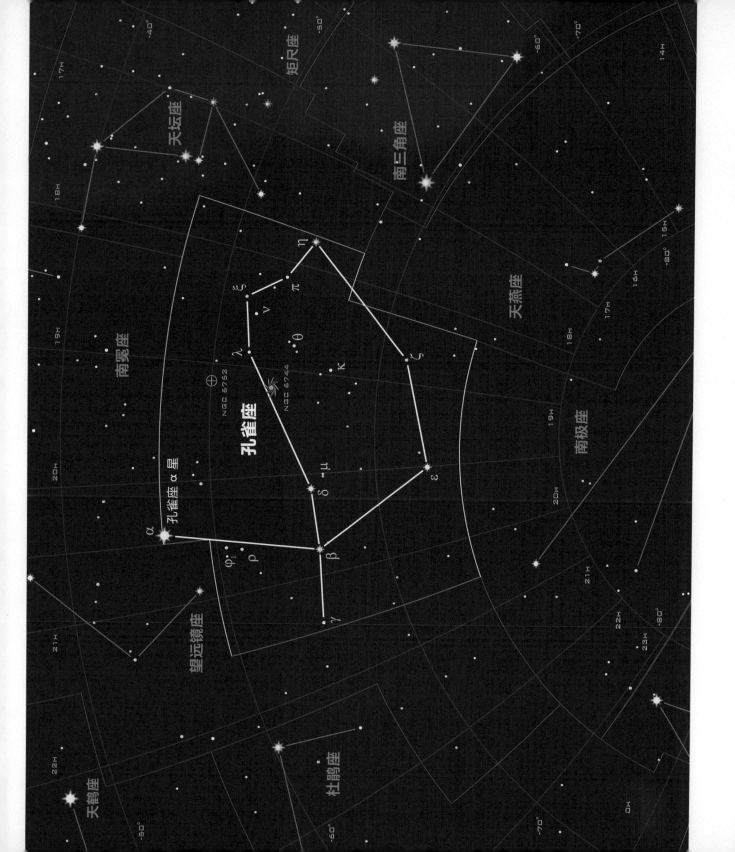

天鹤座和凤凰座

天鹤座和凤凰座这两个星座分别代表天空中的两只鸟，一只真实存在，一只存于传说，二者分列南半球的亮星北落师门和水委一连线两侧。这两个星座都容易辨认，传说中的凤凰，浴火重生中展翅飞翔，天鹤（火烈鸟）长长的脖子则是其特色。

　　1603年，拜尔在他的《测天图》中首次提到了这些"南方之鸟"，也是荷兰神学家皮特鲁斯·普兰修斯根据荷兰航海家彼得·凯泽和弗雷德里克·豪特曼在16世纪90年代在东印度群岛进行贸易时，进行的天文观测结果而创立的。

　　凤凰座 ζ 星是一个三星系统，它包括一对食双星，通常亮度在3.9等，每隔1.67天发生掩食的时候，亮度下降半等，另外有一颗暗淡但靠近的伴星，其亮度为6.9等。天鹤座 β 星是一颗脉动红巨星，亮度在2.0和2.3等之间不规则地变化。遗憾的是，这两个星座都没有特别适合小型望远镜观测的深空天体。

星座简介

名称：天鹤座/凤凰座
含义：天鹤/凤凰
缩写：Gru/Phe
所有格：Gruis/Phoenicis
赤经：22h 27m/00h 56m
赤纬：−46° 21'/−48° 35'
所占天区：366(45)/469(37)
亮星：鹤一（天鹤座 α）/火鸟六（凤凰座 α）

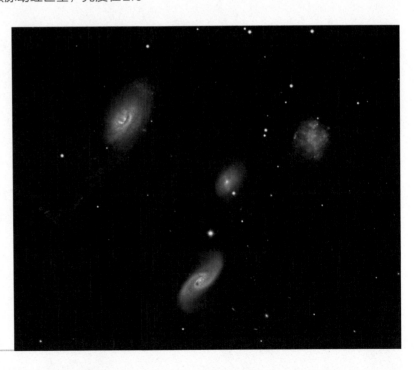

罗伯逊四重奏星系

虽然这个位于凤凰座的四重奏星系群只有14.0等，用业余观测设备很难看到它们，不过它们也是天空中的一个著名的星系群，非常引人入胜。星系群有一个很古怪的星系编号AM 0018−485，它们距离地球1.6亿光年。星系所占天区直径大约是十分之一个满月，区域所对应的直径大约为75 000光年。

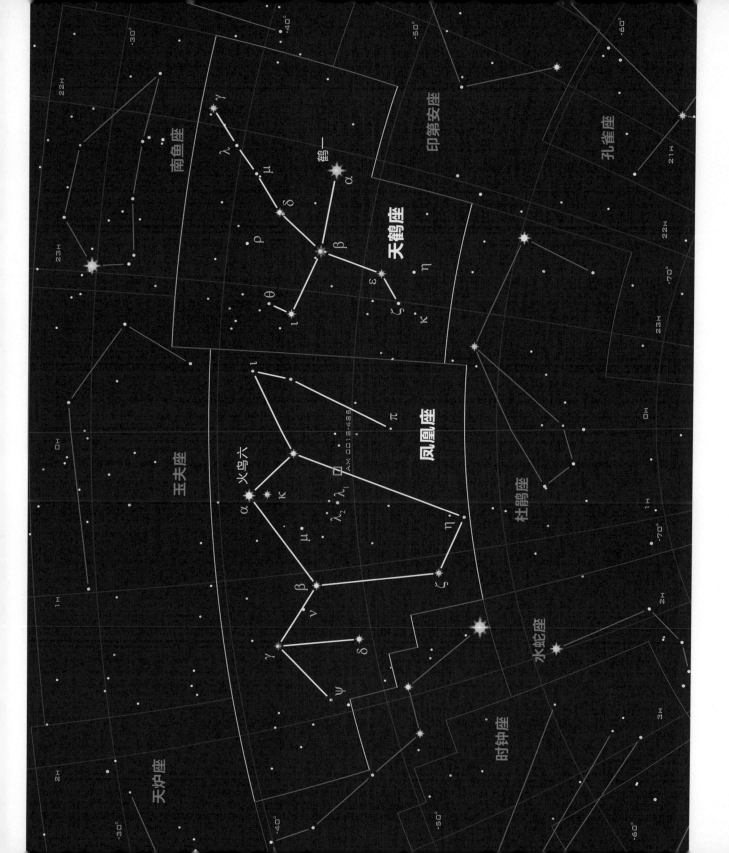

杜鹃座和印第安座

这两个星座都比较暗弱，杜鹃座是一些深空天体的所在地，比如小麦哲伦云。杜鹃座在波江座水委一的西南侧，寻找起来相对容易。印第安座则在更西的位置，不是特别容易找到。

　　两个星座（杜鹃座是"南天鸟类"星座中的第四个）都是16世纪90年代由荷兰航海家发现的，后被介绍给欧洲天文学家。有线索表明，它们可能以更早期被确认的东印度星座为基础。

　　印第安座 α 星是一颗3.1等的黄巨星，距离地球100光年。在中型望远镜中可以看到两颗红矮星伴星，分别是11.9等、12.5等。印第安座 ε 星距离地球很近，只有11.8光年，亮度4.7等。它比太阳更小、更暗，也拥有两个暗弱的伴星，才在2003年发现的褐矮星。

星座简介

名称：杜鹃座/印第安座
含义：杜鹃/印第安
缩写：Tuc/Ind
所有格：Tucanae/Indi
赤经：23h 47m/21h 58m
赤纬：−65° 50'/−59° 42'
所占天区：295(48)/294(49)
亮星：杜鹃座α/波斯二（印第安座α）

被忽略的球状星团

杜鹃座是两个著名天体的所在地——小麦哲伦云和球状星团杜鹃座47（NGC 104）。因此，另外一个位于杜鹃座内的球状星团NGC 362很容易被忽略掉。NGC 362位于在3万光年之外，比杜鹃座47更遥远，亮度6.4等，对于使用双筒望远镜或者小型望远镜的观测者而言，很容易观测到它。在更专业的设备里，可以分辨出星团中的单颗恒星。

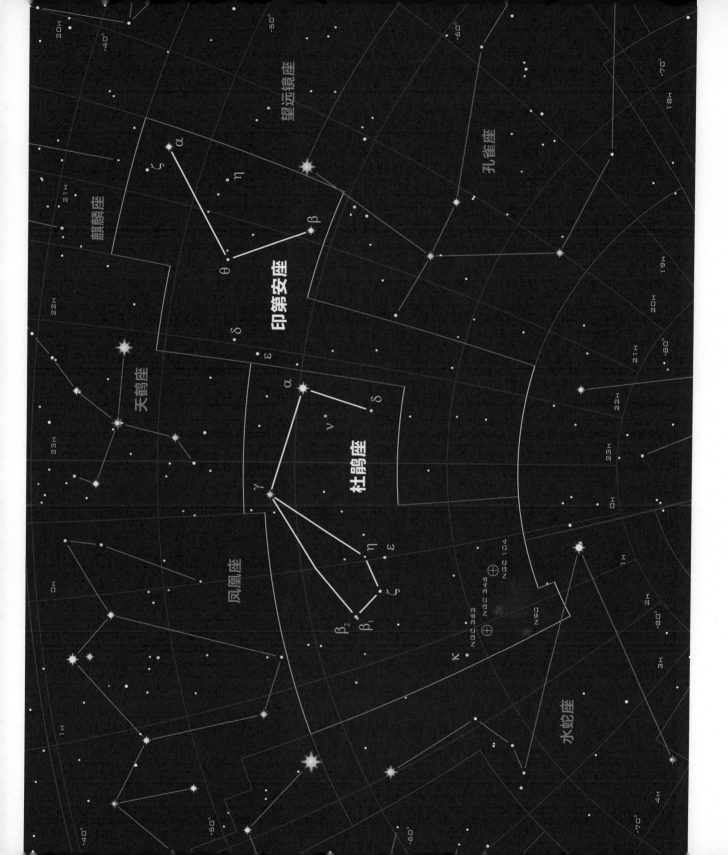

杜鹃座 47　杜鹃座 NGC 104

夜空闪耀的球

在小麦哲伦云边缘，我们用肉眼很容易看到的4.9等的球状星团杜鹃座47，看起来很像一个有点模糊的恒星，是法国天文学家拉卡耶在1751年注意到了它的非星结构，到此，把它表征为恒星的"波德数"遇到了麻烦，更为合适的是采用和半人马座 ω 星团一样的希腊"拜尔字母"，在双筒望远镜中可以看到它是一个满月大小的亮球。这个星团特别致密，其边缘的恒星只能在中型望远镜里才能分辨出来。

赤经：00h 24m，赤纬：−72° 05'

星等：4.9

到地球的距离：1.67万光年

核心区

欧南台甚大望远镜照片里展现了杜鹃座47中心区域的放大图，以揭示其细节特征。它是距离地球最近的星团之一，只有1.67万光年的距离，百万倍太阳的质量被挤压在一个直径120光年的狭小区域之内，所以是非常引人注意的天体。在中央恒星聚集区，密集恒星之间的距离是以"光天"而不是"光年"度量的。

行星调查

1999年，为了寻找这个致密环境中的地外行星，哈勃望远镜对杜鹃47的这块区域进行了观测，里面包含了3.5万颗恒星。为了发现是否有因为行星凌星而导致恒星亮度变化的现象发生，望远镜对这里的恒星持续进行了为期8天的观测。虽然这种现象极为稀少，不过这种凌星技术已经被成功地应用于其他地方，并且根据统计，天文学家期望探测到17次凌星事例。事实是没有发现一次，这说明星团内的环境可能阻止了行星诞生，或者在它们形成后将它们从母星周围剥离。

运动的恒星

这张杜鹃座47核心区的极端特写照片仅仅是哈勃望远镜所拍一系列照片中的一张，它们能够让天文学家对核心区的超过1.5万颗恒星的运动状态进行追踪。通过比较恒星的运动速度和它们的质量（从光度和演化状态而得），天文学家能够首次窥探到星团内部的动力学状态。频繁的近距离碰撞使得恒星得以交换能量，最终导致重的恒星在其轨道上减速，向着星团中心下沉，而加速的小质量恒星则向着星团的外边缘运动。

杜鹃座　小麦哲伦云

卫星星系

小麦哲伦云（简称小麦云）位于杜鹃座东南侧，肉眼可见。它看起来像是独立于银河系的一小片光斑，视直径大约是满月的7倍。使用双筒望远镜或者小型望远镜，可以看到星系中包括的星团、星云等细节，更多的细节则在大型望远镜中展露无遗。与它的"大哥"大麦哲伦云（简称大麦云）相比，小麦云又小（横跨1万光年）、又远（21万光年之外）。这个星系的名字来自葡萄牙探险家麦哲伦，他在1519年到1521年环游世界的旅程中发现了这个天体，成为第一个记录这些天体的欧洲人。

赤经：00h 53m，赤纬：−72° 50'

星等：2.3

到地球的距离：21万光年

恒星托儿所N66和NGC 346

大、小麦云都属于不规则星系，富含恒星形成所需的原始气体尘埃物质。N66是小麦云里最漂亮的恒星形成区之一，一个膨胀中的泡泡，被附近新生的星团NGC 346的强烈辐射照亮。星团亮度为10.3等，在小型望远镜里可以找到它，在长曝光的照片中可以看到周围的星云物质。NGC 346包含了许多小麦云中最重的恒星，这张哈勃照片的左上方可以清晰地看到那些强劲恒星风所产生的激波波前。

赤经：00h 59m，赤纬：−72° 10'

星等：10.3

到地球的距离：21万光年

隐藏的宝藏N90和NGC 602

哈勃照片中是小麦云最漂亮的恒星生成区之一，N90。这是个像洞穴一样的星云，在中央位置的新生星团NGC 602释放出的辐射和恒星风雕刻出它的形状。如同鹰状星云里的创生之柱一样（见第102页），这里的星云也被侵蚀和雕琢成钟乳石一样的形状。照片底部是距离N90百万光年的遥远的星系团，在朦胧的星际空间里若隐若现。

赤经：01h 29m，赤纬：−73° 34'

星等：13.1

到地球的距离：21万光年

时钟座和网罟座

时钟座和网罟座位于波江座南侧，都是暗弱而无亮点的星座。时钟座（代表摇摆的钟摆）很难辨认，更小巧的网罟座则稍微明亮一些。

相比古老的星座，这两个星座更多依靠创立者的想象，法国天文学家拉卡耶在18世纪，用这两个星座把南天区的这片空白区域填满。

时钟座 α 星，作为钟摆顶端的轴，是一颗3.9等的橙巨星，距离地球117光年。网罟座 α 星是一个双星，包括一颗3.4等的黄巨星和12.0等的红矮星，在中型望远镜里可以看到。两个星座中最有名的星，恐怕要数时钟座 ς 星，它是类太阳的双星，距离地球39光年，两颗星亮度分别是5.5等和5.2等，在双筒望远镜中可见。ς 星之所以著名，是因为UFO推崇者认为"灰色"外星人的家乡就在那里，传说在1961年那些外星人曾经劫持了美国人希尔夫妇。

星座简介

名称：时钟座/网罟座
含义：时钟/十字线
缩写：Hor/Ret
所有格：Horologii/Reticuli
赤经：03h 17m/03h 55m
赤纬：−53° 20'/−59° 60'
所占天区：249(58)/114(82)
亮星：时钟座 α/网罟座 α

NGC 1559

时钟座的棒旋星系亮度超出了观测爱好者望远镜的极限，只能在像哈勃空间望远镜这种专业设备中得以显露真容。那是一个美丽的活动星系，有明亮的星系核，还有处于恒星形成区的完美旋臂。

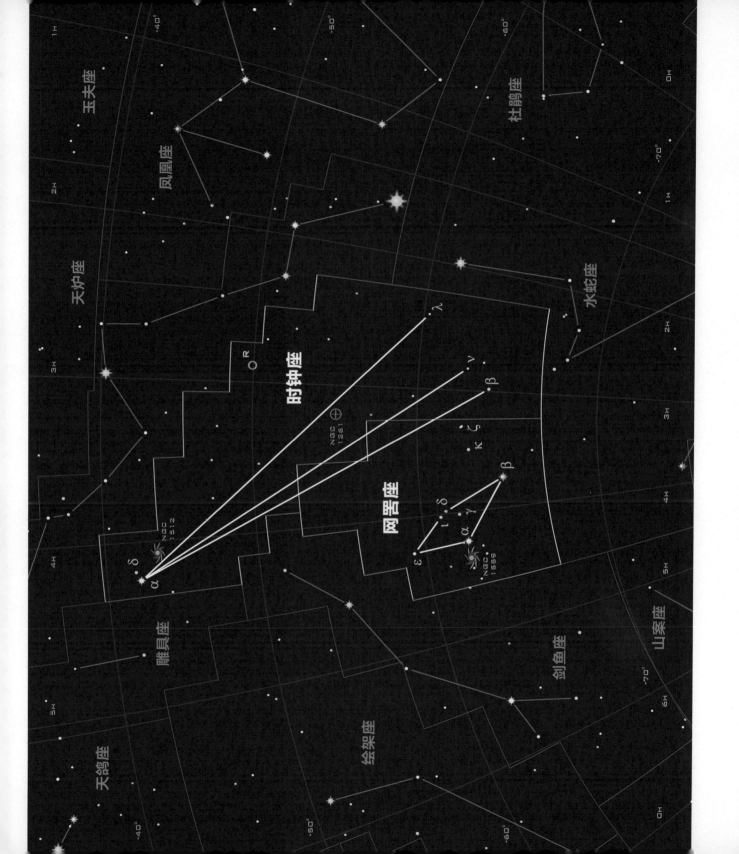

绘架座和剑鱼座

绘架座和剑鱼座这两个暗弱的星座位于船底座老人星、波江座水委一连成的一条线的南侧。剑鱼座是银河系伴星系大麦哲伦云的所在地，而绘架座则没有什么亮点。

剑鱼座是荷兰航海家凯泽和豪特曼在1600年左右命名的。虽然其名字也被翻译成"金鱼"，但实际上是想代表一种夏威夷的鲯鳅鱼。绘架座则是18世纪50年代拉卡耶命名的一个南天星座。

剑鱼座 β 星，是全天最亮的变星之一——它是一颗脉动黄超巨星，以9.9天为周期，亮度在3.5和4.1等之间变化。这种造父变星位于1 040光年之外，其变化明显，以周围恒星做参照，光变幅度很容易看出来。剑鱼座 γ 星是一个食变双星，其中一颗蓝白热星会从另一颗前方经过，亮度在4.7等和4.9等之间变化，周期为40小时，这种光变幅度刚刚能被肉眼所觉察。

星座简介

名称：绘架座 / 剑鱼座
含义：绘架 / 剑鱼
缩写：Pic/Dor
所有格：Pictoris/Doradus
赤经：05h 42m/05h 15m
赤纬：−53° 28'/−59° 23'
所占天区：247(59)/179(72)
亮星：绘架座 α / 剑鱼座 α

绘架座 β

这是一颗著名的天体，貌不惊人的白色恒星，亮度为3.9等，距离地球63光年。恒星周围有气体尘埃盘绕其旋转，尺度是海王星轨道的40倍。这是第一个发现有原行星盘的恒星，这得益于它所产生的很强的红外辐射。

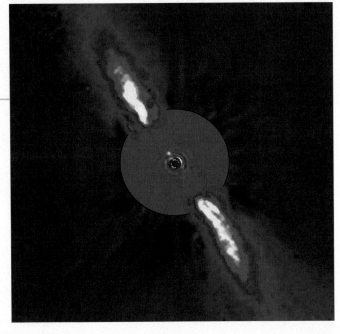

大麦哲伦云

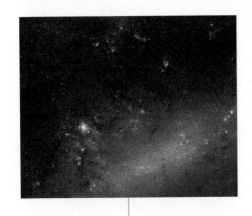

不规则卫星星系：大麦哲伦云

大麦云是银河系最大的卫星星系，与小麦云有着共同的轨道，完成一整圈需要15亿年。大麦云直径2万光年，看起来像我们银河系中孤立的一块，视直径相当于20倍满月大小，位于剑鱼座和山案座的边界。在南半球，大麦云用肉眼很容易看到，在双筒望远镜中可以看到一个宽的恒星构成的棒状结构，这也是大麦云的主要特征，尽管它通常被分类为不规则星系，大麦云表现出来的这些特征，使得它有时也被称为单旋臂星系。用任何型号的望远镜都可以一窥其众多的星云和星团。

赤经：05h 24m，赤纬：−69° 45'　　　　　　　　　星等：0.1

到地球的距离：17.9万光年

恒星形成区LH95

跟近邻蜘蛛星云相比，这个大麦云的恒星形成区显得有些相形见绌了，不过它提供了富含气体和尘埃的星系大麦云中恒星形成的众多信息。直到最近，在星云中也只发现了相当于3倍太阳质量的蓝白恒星。2006年，一项利用哈勃空间望远镜的研究发现了超过2 500颗年幼恒星，它们还没有进入恒星演化的主序阶段（图中显示为黄色和橙色的恒星）。这些天体包括红矮星，这是一种只有太阳质量三分之一的小型恒星。

赤经：05h 37m，赤纬：−66° 22'　　　　　星等：11.1

到地球的距离：18万光年

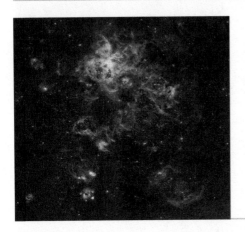

蜘蛛星云NGC 2070

蜘蛛星云是本地星系群里最大的恒星形成区之一。用双筒望远镜或小型望远镜里可以看到，那里一片卷曲的气体，看起来很像一个巨型蜘蛛的腿。这片复杂区域的延展范围约有1 000光年，如果把它移植到猎户座星云M42的位置，视直径将有30度，亮得能够照得出我们的影子。星云的尺寸和强度在一定程度上可以归因于它在大麦云的边缘位置，当星系在轨道上运行的时候，星云遭受了压缩效应而导致的。

赤经：05h 39m，赤纬：−69° 06'　　　　　　　　　星等：8.0

到地球的距离：18万光年

超恒星团 R 136

利用小型望远镜就能够在蜘蛛星云中心区域找到这个星团，但这不足以揭示其令人敬畏的形貌。这个致密的大质量蓝星星团的年龄大约有100万年到200万年，它们发射强紫外线激发了整个巨大星云的气体。在其中心区有一个被称为R136a的星团，直到最近才将它的每个成员分辨出来，包括R136a1，它是迄今为止质量最大的恒星。这颗恒星的质量是太阳的265倍，光度是太阳的1 000万倍，这是恒星所能达到的最大质量，否则光度过强会将自己撕碎。

赤经：05h 39m，赤纬：-69° 06'

星等：9.5

到地球的距离：18万光年

山案座和飞鱼座

山案座和飞鱼座这两个遥远南天的星座，既没有亮星也没有容易识别的形状。不过，因为飞鱼座正位于船底座的南侧，山案座位于大麦哲伦云和南天极之间，它们还是很容易被找到。

　　飞鱼座是16世纪90年代由荷兰航海家凯泽和豪特曼命名的。山案座则是18世纪50年代拉卡耶新增的，名字灵感来源于他在南美看到的高耸入云的"桌山"，拉卡耶经常在这座山上观测南半球的星空。

　　山案座 α 星是一个不太起眼的黄矮星，亮度只有太阳的80%，但由于距离地球只有33光年，看起来亮度达5.1等，刚刚肉眼可见。飞鱼座至少还有两个双星值得一提，它们都需要用小型望远镜才能看到。飞鱼座 ε 星是一颗4.4等的蓝白星，有一颗8.1等的黄色伴星，飞鱼座 γ 星则是由3.8等的橙色巨星和5.7等的白色恒星组成的双星。

星座简介

名称：山案座/飞鱼座
含义：桌山/天空的飞鱼
缩写：Men/Vol
所有格：Mensae/Volantis
赤经：05h 25m/07h 48m
赤纬：−77° 30'/−69° 48'
所占天区：153(75)/141(76)
亮星：山案座 α/飞鱼座 γ

肉钩星系

肉钩星系亮度11.2等，这个美丽、罕见的旋涡星系可以在大型业余望远镜里观测到。毋庸置疑，它是南半球的一个亮点，正式编号NGC 2442，距离地球5 000万光年，看起来像"S"形，由两个非对称旋臂构成，一个形态罕见，像被压缩过的，另一个则是拉伸的。这种扭曲变形通常认为是与邻近星系发生的新近碰撞而导致的。

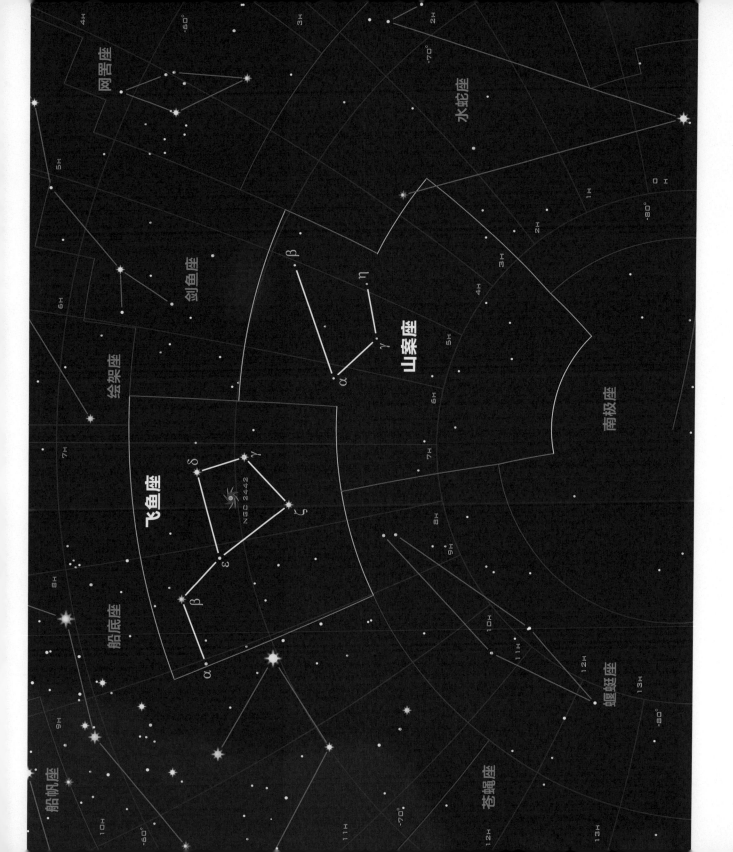

蝘蜓座和天燕座

这两个遥远的南天星座既暗弱又没有显著形态，却因为身处南天极和船底座、苍蝇座、南三角座亮星之间而很容易被找到。二者都是由荷兰航海家凯泽和豪特曼创立的。

凯泽和豪特曼命名的星座大多数都是基于他们到东印度群岛进行贸易过程中所碰到的动物。1598年，皮特鲁斯·普兰修斯通过天球仪将这些星座介绍给欧洲天文学家。1603年，拜尔在《测天图》里首次进行了描述。在澳大利亚，蝘蜓座常常被称作平底锅座。

对于观测爱好者来说，这个天区十分缺乏合适观测的深空天体，不过这两个星座还是有一些双星可以欣赏的。蝘蜓座δ星是一颗视向双星，包括一颗距离地球355光年、亮度4.4等的恒星，以及一颗距离地球365光年、亮度5.5等的恒星。天燕座δ星是由一颗4.7等的红巨星和一颗5.3等的橙巨星构成的系统，两个恒星都距离地球大约700光年，所以可能是一个真正的双星系统。蝘蜓座ε星，是白色孪生双星，包括5.4等和6.0等两颗恒星，只有在中型望远镜里才能找到。

星座简介

名称：蝘蜓座/天燕座
含义：蝘蜓/天燕
缩写：Cha/Aps
所有格：Chamaleontis/Apodis
赤经：10h 42m/16h 09m
赤纬：−79° 12'/−75° 18'
所占天区：132(79)/206(67)
亮星：蝘蜓座 α/天燕座 α

蝘蜓座复合体

蝘蜓座集中了一组暗星云。这颗恒星形成区距离地球500光年，之所以看起来不明显，是因为那里诞生的是像太阳这样的小质量的恒星，不足以点亮其周围的环境，焕发光彩。

水蛇座和南极座

南天极附近缺乏亮星，这里有暗弱的南极座。要说有趣的话，附近的水蛇座可能还算一个。在波江座亮星水委一之南，水蛇座构建了一个淡淡的"Z"字形星座。

水蛇座是由荷兰航海家凯泽和豪特曼命名的，后在1600年左右被皮特鲁斯·普兰修斯发扬光大。南极座（octans）是拉卡耶在18世纪50年代命名的，根据八分仪（octant）——一种曾经用来测量天体与地平线的距离，现在已近废弃的航海导航装置而命名。

水蛇座 β 星是太阳系近邻中最亮的恒星之一，距离地球24光年，质量比太阳大10%，却比太阳年老一些。它已经燃烧完最主要的燃料供给，开始变亮、膨胀以保持其光芒，这个过程最终会将它变成一个明亮的红巨星。南极座 λ 星是个很吸引人的双星系统，有一颗5.4等的黄色巨星和一颗7.7等的白色恒星，它距离地球435光年，用小型望远镜可以轻松分开两个恒星。

星座简介

名称：水蛇座/南极座
含义：小水蛇/八分仪
缩写：Hyi/Oct
所有格：Hydri/Octantis
赤经：02h 21m/23h 00m
赤纬：−69° 57'/−82° 09'
所占天区：243(61)/291(50)
亮星：水蛇座 β/南极座 ν

南极星

这是一张令人震撼的在澳大利亚海边长时间曝光的影像，显示南天星座的斗转星移，远处的地平线还有曼妙的南极光舞动。但可惜的是，南天极点不像北天极，拥有北极星这个亮星标志，距离南天极最近，肉眼可见的恒星只有暗淡的南极座 σ 星，但是它只有5.4等，只能在完全暗黑的环境下才能找到。

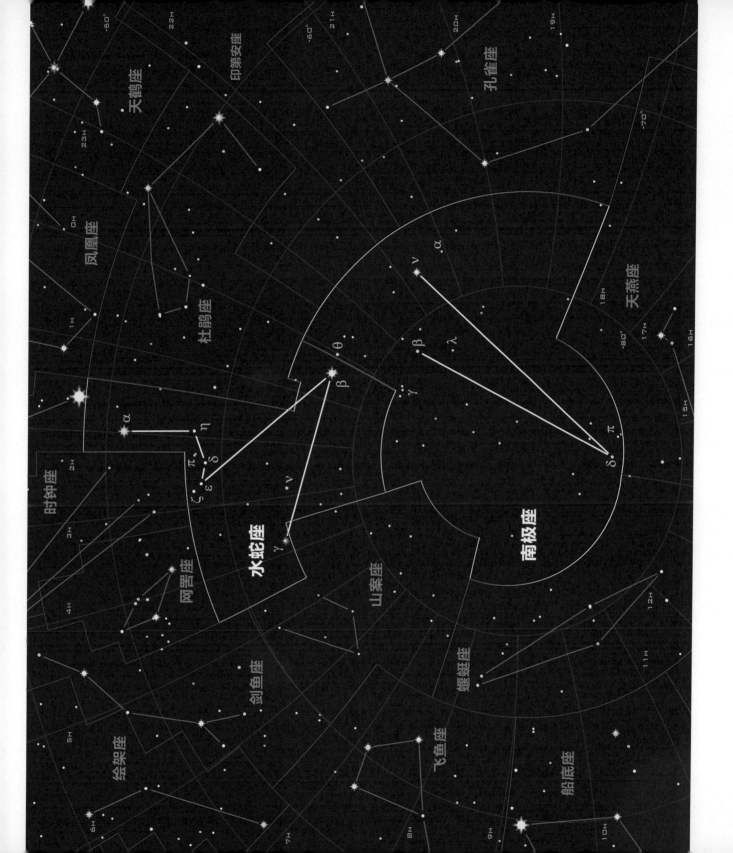

词汇表

暗星云。星际气体和尘埃，虽然不发光，但是可以吸收光线，所以只能在明亮的星光或星云背景的衬托下才可见。

拜尔星名。星座中的亮星字母序号，表示星体的不同亮度。

棒旋星系。一种旋涡星系，其旋臂都与中心以短棒状结构相连，这个棒状结构由恒星和其他物质组成。

变星。亮度一直在发生变化的恒星。变化或大或小，持续时间或长或短。或许是由相互作用的系统（食双星或者新星）引起的，或者是独立恒星在尺寸和亮度上的脉动引发的。

不规则星系。没有明确的结构，富有气体、尘埃和恒星形成区的星系。

超新星。质量远大于太阳的恒星死亡前的大爆炸。

超新星遗迹。超新星爆炸后形成的超高温、弥散状气体云。也被用来描述恒星核坍缩后的奇怪残骸——中子星或者黑洞。

赤道坐标。应用广泛的天文学坐标体系，用来标注天体的位置，包括以天赤道为原点的赤纬，以及以春分点为原点的赤经。

赤经。与地球经度相似的天球坐标参数，与赤纬配合使用。

赤纬。天球系统的测量单位，与地球纬度含义相似，与赤经形成坐标体系。

发射星云。太空中呈现一种特定波长颜色的气体云，产生光谱中的"发射线"。这种星云一般是被其附近的高能亮星所激发，通常也是恒星的诞生地。

反射星云。从其周围恒星反射或者散射光的星际气体尘埃云。

弗兰斯蒂德星表。星座中标注肉眼可见恒星亮度的数字编号。一般来说，弗兰斯蒂德星表在星座中的顺序从东向西递增。

拱极星。无论星座处于北天极附近还是南天极附近，它们只在极区附近运转，而不会穿越更多天空范围。

光度。恒星释放的能量单位。通常以瓦特为单位，但是恒星的光度太强，一般采用与太阳的比较来描述。

光年。常用的天文学单位，相当于光在真空中沿直线传播一年的距离——9.5万亿千米。

褐矮星。被称为"失败的恒星"，因为质量不够大而无法引起中心核聚变，也不会散发光芒。实际上，褐矮星会发出低能辐射，主要是红外光。

黑洞。宇宙空间中的超密质点，通常由至少5倍于太阳质量的恒星核坍缩形成。其引力超强，连光都难以逃脱。

红矮星。一种比太阳质量小的恒星，其特点为质量小、亮度低、表面温度低。红矮星中心区的氢气缓慢变成氦气，这类恒星比太阳寿命长。

红巨星。当恒星中心能源主体燃烧殆尽之际，恒星将步入红巨星阶段。在这个阶段，恒星亮度大幅增加，其外层膨胀，表面温度降低。

红外线。比可见光能量稍低的一种电磁波辐射。红外线通常由热物体发出，肉眼不可见。

黄道。太阳在天球上运行的轨迹，地球运转一周就是一年。

黄道带。天球上太阳每年运行轨迹（黄道）附近的区域，包含了十二个古代星座。

活动星系。一种星系，从中心区域的活动星系核持续释放大量能量，它被认为是由物质落向星系中央的超大质量黑洞而引起的。

极星。恰巧位于或者接近天极的恒星，在天上的位置基本保持不变。

聚星。围绕一个共同的"引力中心"在同轨道运行的双星或多星系统（如果是两颗星也称为双星系统）。我们星系中的恒星系统大多数是聚星，而不像太阳这样的单独一颗恒星存在。

脉冲星。一种快速自转的中子星，具有高强度磁场，有两个窄的辐射光束，因自转快速变换，像宇宙中的明暗开关。

球状星团。年老恒星组成的高密度球状天体，通常位于如银河系这样的星系中心周围。

食双星。一种双星系统，一颗恒星定期地运行到另一颗恒星前方，造成整个系统的合成星等亮度周期性下降。

双星。轨道相互绕转的两颗星。双星系统中的两颗成员星通常是同时诞生的，为我们提供了研究恒星演化的样本。

疏散星团。年轻明亮的大型恒星群，诞生于同样的星云中，许多还嵌在周围的气体云中。

岁差。相对于恒星、天球自转轴的缓慢转动，由于太阳和月球的潮汐影响而使地球自转轴在空间中的指向发生缓慢的变化。

天赤道。一条位于地球赤道之上的想象出来的线，把天球分为南、北两个半球。

天极。天球中对应地球自转轴两极位置的点。

天球。假想的球，像壳一样笼罩在地球上空，可以很形象地用来描绘星空。

天文单位。天文学中常用的距离表述单位，相当于日地之间的平均距离，约是1.5亿千米。

椭圆轨道。一个被拉伸的圆形轨道，一个轴（半长轴）比另一个轴长。

椭圆星系。由恒星组成，但恒星运动方向杂乱无章的星系，通常缺乏恒星形成气体。椭圆星系包括已知最小和最大的星系，通常蕴含年老、低质量的红色和黄色恒星。

新星。很容易产生剧烈爆发的双星系统。白矮星会从伴星中拉扯物质，在其周围建立气体吸积盘，随后以核爆炸的剧烈形式燃烧掉。

星等。利用简单的数字用以形容从地球上看到的恒星的亮度，数字越小，亮度越高。全天最亮的天狼星星等是-1.4，而肉眼可见的最暗的星等是6.0。

星系。恒星、气体和其他物质组成的独立系统，一般有几千光年大小，包含几百万到几十亿颗恒星。

行星状星云。垂死的红巨星演变为白矮星时抛出的外层物质，形成不断膨胀的气体云。

星云。飘荡在宇宙中的气体和尘埃云，是恒星生成的物质来源，而恒星在死亡之后，也会再一次将物质送入其中。

星座。 狭义地说，星座是天上有着明确赤经、赤纬坐标和界限的88个天区。通俗来说，是人们把特定的某些星星根据想象连接而成的一些图形。

旋涡星系。 由年老的黄色恒星组成核球的星系，周围有年轻恒星、气体和尘埃组成的星系盘，有旋臂结构，旋臂上有恒星形成区。

原恒星。 在自身重力作用下，还处于星云坍缩期的恒星。

因为星云核心区温度逐渐升高，它或许会产生红外辐射。

中子星。 超新星爆炸中所导致的大质量恒星的坍缩核。中子星由压缩的亚原子粒子组成，是已知最致密的天体，对于最重的恒星而言，它们的核心坍缩能够越过这一步直接形成黑洞。很多中子星最初都表现为脉冲星。

主星序。 用来描述恒星生命中最长阶段的一个术语。此阶段中，恒星保持相对稳定，能够通过将中心核区的氢（最轻元素）核聚变成氦（次轻元素）来产生能量发光。

致谢

1: 戈登·杰拉德/科学图片库；6: Rick Witacre/Shutterstock图片库；10: 杰森·奥赫；12: NASA、ESA和哈勃遗产项目（STScl/AURA）-ESA/ 哈勃合作项目；14: 巴巴克·塔夫雷什，夜空下的世界/科学图片库；18: David Parker/科学图片库；20: 图片版权：NASA、ESA、HEIC和哈勃遗产项目（STScl/AURA）鸣谢：R. 科拉迪（牛顿望远镜项目组，西班牙）和Z. Tsvetanov（NASA）；22: T.A. Rector（阿拉斯加大学安克雷奇分校）和WIYN/NOAO/AURA/NSF；24: 图像数据-昴星团望远镜（NAOJ），哈勃遗珍档案；图像处理- Robert Gendler；26: NASA/DOE/费米大天区望远镜，CXC/SAO/JPL-Caltech/Steward/O. Krause等，以及NRAO/AUI；28: T. A. Rector 和B. A. Wolpa，NOAO, AURA, NSF；30r: Adam Block/莱蒙山天文台空间中心/亚利桑那大学；31: Adam Block/NOAO/AURA/NSF；32: R. Barrena 和 D. López（IAC）；34a: ESO；34b: Robert Williams、哈勃深场团组（STScl）和NASA；34-35r: NASA、ESA、哈勃遗产项目（STScl/AURA）鸣谢：A. Zezas 和 J. Huchra（哈佛史密松天体物理中心）；36-37l: NASA, ESA和哈勃遗产项目（STScl/AURA）鸣谢：J. Gallagher（威斯康星大学），M. Mountain（STScl）和 P. Puxley（NSF）；37a: NASA/JPL-Caltech/STScl/CXC/UofA/ESA/AURA/JHU；37b: NASA, ESA 和 R. de Grijs（英国剑桥大学天文学院）；38: X射线波段：NASA/CXC/马里兰州大学/A.S. Wilson 等人；光学波段：Pal.Obs. DSS；IR: NASA/JPL-Caltech；甚大阵：NRAO/AUI/NSF；40a: 近红外相机和多目标光谱仪（NICMOS）照片：NASA, ESA, M. Regan 和 B. Whitmore（STScl），以及R. Chandar（托莱多大学）；ACS照片：NASA, ESA, S. Beckwith（STScl），哈勃遗产项目（STScl/AURA）；40b: H. Ford（JHU/STScl），暗天体光谱仪和NASA；40-41r: NASA, ESA, S. Beckwith（STScl）和哈勃遗产项目（STScl/AURA）；42: ESO/L. Calçada；44: Jack Burgess/Adam Block/NOAO/AURA/NSF；46: ESA/Hubble 和 NASA；48: 哈勃遗产项目（STScl/AURA）；50: ESO；52: NASA、ESA和哈勃遗产项目（STScl/AURA）-ESA/哈勃合作项目，数字化巡天；2. 致谢：J. Hester（亚利桑那州立大学）和 Davide De Martin（ESA/Hubble）；54al: NASA/马歇尔空间中心；54ar: 图片提供NRAO/AUI；54b: Richard Yandrick（Cosmicimage.com）；55: T. A. Rector/阿拉斯加大学安克雷奇分校 和 WIYN/NOAO/AURA/NSF；56a: Zachary Grillo & the ESA/ESO/NASA普适图像传输系统；56b: T. A. Rector /阿拉斯加大学安克雷奇分校和NOAO/AURA/NSF；57: NASA/JPL-Caltech/L. Rebull（SSC/Caltech）；58: Adam Block/NOAO/AURA/NSF；60a: NASA/JPL-Caltech/UCLA；60b: NASA, ESA 和 T. Lauer（NOAO/AURA/NSF）；60-61r: Adam Evans；62: Caltech, 帕洛玛山天文台数字化巡天；鸣谢：Scott Kardel；64a: N.A.Sharp/NOAO/AURA/NSF；64b: Jean-Charles Cuillandre（CFHT）& Giovanni Anselmi（Coelum Astronomia），Hawaiian Starlight；65: NASA, ESA, NRAO和L. Frattare（STScl）科学版权：X-射线：NASA/CXC/IoA/A.Fabian等人；射电：NRAO/VLA/G. Taylor；光学：NASA, ESA, NASA、ESA和哈勃遗产项目（STScl/AURA）-ESA/哈勃合作项目，以及A. Fabian（英国剑桥大学天文学院）；66: 双子座望远镜，多目标光谱成像仪团组；68: Richard和Leslie Maynard/Adam Block/NOAO/AURA/NSF；70a: P.Massey（Lowell），N.King（STScl），S.Holmes（Charleston），G.Jacoby（WIYN）/AURA/NSF；70b: NASA/JPL-Caltech；71: NASA, Hui Yang University of Illinois ODNursery of New Stars；72: Eckhard Slawik/科学图片库；74a: NASA, ESA 和 AURA/Caltech；74b: NASA和哈勃遗产项目（STScl/AURA）鸣谢：George Herbig 和 Theodore Simon（夏威夷大学天文学院）；75: NASA/JPL-Caltech/J. Stauffer（SSC/Caltech）；76: 光学图像：NASA/HSTASU/J. Hester 等人 .X射线图像：NASA/CXC/ASU/J. Hester 等人 .r: NASA/CXC/ASU/J. Hester等人；77: NASA, ESA和 J. Hester（亚利桑那州立大学）；

78: NASA, Andrew Fruchter和ERO团组[Sylvia Baggett（STScI）,Richard Hook（ST-ECF）, Zoltan Levay（STScI）]; 80: 天文图像有限公司/科学图片库; 82: MASIL图像处理团队; 84a: ESO; 84cl: ESO/Oleg Maliy; 84br: ESO; 84-85r: NASA, ESA、NASA、ESA和哈勃遗产项目（STScI/AURA）-ESA/哈勃合作项目; 鸣谢: Davide De Martin 和 Robert Gendler; 86: NOAO/AURA/NSF 和 N.A. Sharp（NOAO）; 88al: NASA, ESA和哈勃遗产项目; 88ar: ESO; 88b: G. Fritz Benedict, Andrew Howell, Inger Jorgensen,David Chapell（德克萨斯大学）, Jeffery Kenney（耶鲁大学）和Beverly J. Smith（科罗拉多大学丹佛分校）和NASA; 89: G. Fazio（哈佛史密松天体物理中心）、L. Jenkins（戈达德航天中心）、A. Hornschemeier（戈达德航天中心）、B. Mobasher（空间望远镜研究所）、D. Alexander（英国杜伦大学）、F. Bauer（哥伦比亚大学）; 90: NOAO/AURA/NSF; 92a: NASA和哈勃遗产项目（STScI/AURA）; 92b: NASA/JPL-Caltech/R. Kennicutt（亚利桑那州大学）和SINGS项目; 93: NOAO/AURA/NSF; 94-95l: NASA和哈勃遗产项目（STScI/AURA）; 95ar: NASA/JPL-Caltech和哈勃遗产项目（STScI/AURA）; 95br: X射线波段: NASA/UMass/Q.D.Wang等人。光学波段: NASA/STScI/AURA/哈勃遗产项目。红外波段: NASA/JPL-Caltech/Univ. AZ/R. Kennicutt/SINGS 项目; 96: 图片版权: Lynette Cook; 98: NASA/JPL-Caltech/L. Allen（哈佛史密松天体物理中心）和古德带遗产项目; NASA和哈勃遗产项目（STScI/AURA）; 100c: ESA/Hubble & NASA; 100b: NASA/ESA,Friendlystar; 101: NASA, J. English（U. Manitoba）, S. Hunsberger, S. Zonak, J. Charlton, S. Gallagher（PSU）, and L. Frattare（STScI）; 102a: ESO; 102b: NASA, ESA, STScI, J. Hester and P. Scowen（亚利桑那州立大学）; 103: NASA和哈勃遗产项目（STScI/AURA）; 104: NASA 、ESA; 106: NASA, ESA, NASA、ESA和哈勃遗产项目（STScI/AURA）-ESA/哈勃合作项目, A. Evans（弗吉尼亚大学）Charlottesville/NRAO/纽约州立大学石溪分校; 107: Adam Block/科学图片库; 108: NASA,哈勃遗产项目（STScI/AURA）; 110: NASA/WikiSky; 112: NASA,和哈勃SM4 ERO项目; 114: Bruce Balick（华盛顿大学）、Jason Alexander（华盛顿大学）Arsen Hajian（美国海军天文台）、Mario Perinotto（意大利佛罗伦萨大学）、Patrizio Patriarchi（意大利阿尔切特里天文台）; 116a: NASA/JPL-Caltech/亚利桑那州大学; 116c: ESO; 116b: 鸣谢: 剑桥天文测量组; 117: NASA, ESA, C.R. O'Dell（范德堡大学）, M. Meixner 和P. McCullough（STScI）; 118: NASA/JPL-Caltech/C. Martin（Caltech）/M. Seibert（OCIW）; 120: Nigel Sharp/NOAO/AURA; 122a: Andrea Dupree（哈佛史密松天体物理中心）, Ronald Gilliland（STScI）, NASA and ESA; 122c: NASA和哈勃遗产项目（STScI/AURA）。鸣谢: C. R. O'Dell（范德堡大学）; 122b: © Stocktrek Images/Corbis; 123: ESO/J. Emerson/VISTA。鸣谢: 剑桥天文测量组; 124a: NASA, ESA and L. Ricci（ESO）; 124b: NASA; K.L. Luhman（哈佛史密松天体物理中心）, G. Schneider, E. Young, G. Rieke, A. Cotera, H. Chen, M. Rieke, R. Thompson（亚利桑那大学天文台）; 124-125r:NASA,ESA, M. Robbert（空间望远镜研究所/ESA）, 哈勃空间望远镜猎户座项目团队; 126: NASA, ESA and H.E. Bond（STScI）; 128a: NASA和哈勃遗产项目（AURA/STScI）; 128b: NickWright（Nwright6302）; 129: ESO; 130: NASA, H.E. Bond和E. Nelan（美国马里兰州空间望远镜研究所）; M. Barstow 和M. Burleigh（英国莱斯特大学）; J.B. Holberg（亚利桑那大学）; 132a: NASA/JPL-Caltech/哈佛史密松中心; 132b: ESO/B. Bailleul; 132-133r: NASA和哈勃遗产项目（STScI）; 133b: NASA, ESA, R. Humphreys（明尼苏达大学）; 134: NASA、ESA和哈勃遗产项目（STScI/AURA）-ESA/哈勃合作项目和W. Keel（阿拉巴马大学）; 136al: NASA、ESA和哈勃遗产项目（STScI/AURA）。鸣谢: C. Conselice（U. Wisconsin/STScI）; 136ar: NASA/WikiSky; 136b: ESO; 137: NASA、ESA和哈勃遗产项目（STScI/AURA）。鸣谢: R. O'Connell（弗吉尼亚大学）以及哈勃第三代广域照相机科学监督委员会; 138: NASA, ESA, NASA、ESA和哈勃遗产项目（STScI/AURA）-ESA/哈勃合作项目; 140: Eckhard Slawik/科学图片库; 142a: ESO/WFI（光学）; MPIfR/ESO/APEX/A.Weiss等人（亚毫米波）; NASA/CXC/CfA/R.Kraft 等人.（X射线）; 142b: ALMA（ESO/NAOJ/NRAO）; ESO/Y. Beletsky;

143: NASA, ESA, NASA、ESA和哈勃遗产项目（STScI/AURA）-ESA/哈勃合作项目；鸣谢：R. O'Connell（弗吉尼亚大学），哈勃第三代广域照相机科学监督委员会；144a: ESO；144b: NASA和哈勃遗产项目（STScI/AURA）。鸣谢：A. Cool（SFSU）；145: NASA, ESA, and the 哈勃SM4 ERO项目；146: NASA和哈勃遗产项目（STScI/AURA）。鸣谢：C.R. O'Dell（范德堡大学）；148: N.A.Sharp, Mark Hanna, REU program/NOAO/AURA/NSF；150ar: NASA/Wikisky；150cl: NASA和哈勃遗产项目（STScI/AURA）；150b: Robert Gendler/科学图片库；151: 英国格林尼治天文台/AAO/科学图片库；152: ESO；154a: ESA/Hubble & NASA；154b: ESO/INAF-VST/OmegaCAM。鸣谢：OmegaCen/Astro-WISE/Kapteyn Institute；154-155r: ESO；156a: ESO/S. Guisard；157a: NASA/CXC/MIT/F. Baganoff, R. Shcherbakov等人；156-157b: NASA/JPL-Caltech/ESA/CXC/STScI；157: Hubble/Wikisky；160: NASA, ESA和P. Kalas（美国加利福尼亚大学伯克利分校）；162: ESO、第二代数字化巡天。鸣谢：Davide De Martin；164ar: ESO/R. Gendler；164cl: ESO/J. Emerson/VISTA。鸣谢：剑桥天文测量组；164b: ESO；165: NASA, ESA,S. Beckwith（STScI）和HUDF项目；166: NASA/JPL-Caltech/T. Pyle（SSC）；168: WikiSky；170: NASA/JPL-Caltech/SSC；172: NASA, ESA 和 Orsola De Marco（麦考瑞大学）；174: ESO；176: ESO；178ar: NASA, ESA, and P. Hartigan（莱斯大学）；178b: 哈勃遗产项目（STScI/AURA/NASA）；179: ESO；180: NASA, ESA和M. Livio以及哈勃20周年庆项目组（STScI）；182al: NASA, ESA, R. O'Connell（弗吉尼亚大学）、F. Paresce（意大利国家天体物理研究所）、E. Young（大学空间研究协会/艾姆斯研究中心）哈勃第三代广域照相机科学监督委员会、哈勃遗产项目（STScI/AURA/NASA）；182b: X射线波段：NASA/CXC/CfA/M.Markevitch等人；光学波段：NASA/STScI; Magellan/U.Arizona/D.Clowe等人；[引力]透镜图：NASA/STScI; ESO WFI; Magellan/U.Arizona/D.Clowe等人；182-183r: NOAO/AURA/NSF；184a: ESA/PACS/SPIRE/Thomas Preibisch（德国慕尼黑大学）；184b: 哈勃图像版权：NASA, ESA, N. Smith（加州大学伯克利分校），哈勃遗产项目（STScI/AURA/NASA）；CTIO图像版权：N. Smith（加州大学伯克利分校），NOAO/AURA/NSF；185: ESO/T. Preibisch；186: ESO/Y. Beletsky；188: Raghvendra Sahai和John Trauger（JPL），第三代广域照相机学术委员会、NASA/ESA；190: NASA, Andrew S. Wilson（马里兰大学帕克分校）；Patrick L. Shopbell（加州理工学院）；Chris Simpson（昴星团望远镜）；Thaisa Storchi-Bergmann、F. K. B. Barbosa（南里奥格兰德联邦大学）；Martin J. Ward（莱斯特大学）；192: X射线波段：NASA/CXC/UVa/M. Sun等人；H-α波段/光学波段：SOAR/MSU/NOAO/UNC/CNPq- Brazil/M.Sun等人；194: ESO；196: NASA/WikiSky；198: ESO；200: NASA/JPL-Caltech/弗吉尼亚大学/R. Schiavon(弗吉尼亚大学)；202al: ESA/Hubble(Davide De Martin)，ESA/ESO/NASA FITS图像软件，第二代数字化巡天；202c: ESO；202b: NASA 和Ron Gilliland（太空望远镜科学研究所）；203: NASA, ESA，G. Meylan（洛桑联邦理工学院）；204a: ESA/Hubble和第二代数字化巡天。鸣谢：Davide De Martin（ESA/Hubble）；204b: NASA, ESA and A. Nota（ESA/STScI, STScI/AURA）；205: NASA, ESA, NASA、ESA和哈勃遗产项目（STScI/AURA）-ESA/哈勃合作项目；206: NASA/WikiSky；208: ESO/A.-M. Lagrange等人；210al: ESO；210cr: NASA, ESA, NASA、ESA和哈勃遗产项目（STScI/AURA)-ESA/哈勃合作项目；鸣谢：D. Gouliermis(海德堡普朗克天文研究所)；210b: ESO/R. Fosbury（ST-ECF）；211: NASA, ESA, F. Paresce（意大利国家天体物理研究所），R. O'Connell（弗吉尼亚大学），第三代广域照相机学术委员会；212: ESO；214: ESO；216: Alex Cherney, Terrastro.com/科学图片库。

其他地图和插图来自Pikaia Imaging。

图书在版编目（C I P）数据

天文星座观测：全天88星座漫游指南 /（英）贾尔斯·斯帕罗（Giles Sparrow）著；孙媛媛译. -- 北京：人民邮电出版社，2017.10（2023.5重印）
（爱上科学）
ISBN 978-7-115-45744-8

Ⅰ. ①天… Ⅱ. ①贾… ②孙… Ⅲ. ①星座－普及读物 Ⅳ. ①P151-49

中国版本图书馆CIP数据核字(2017)第213800号

版权声明

内 容 提 要

本书的内容旨在对全天星座和夜空进行全方位解说，引领读者漫游88个星座，逐一认识其中的亮星，以及了解肉眼、双筒望远镜和其他类型望远镜的观测指导和攻略。对于观星爱好者，本书能提供很重要的信息。本书不但可以供日常阅读，还可以带到观星现场进行参考，适合大众及天文爱好者阅读。

◆ 著　　　 ［英］Giles Sparrow
　 译　　　 孙媛媛
　 责任编辑　周　璇
　 责任印制　周昇亮

◆ 人民邮电出版社出版发行　　北京市丰台区成寿寺路 11 号
　 邮编　100164　电子邮件　315@ptpress.com.cn
　 网址　https://www.ptpress.com.cn
　 涿州市京南印刷厂印刷

◆ 开本：889×1194　1/20
　 印张：11.2　　　　　　2017 年 10 月第 1 版
　 字数：349 千字　　　　2023 年 5 月河北第 10 次印刷
　 著作权合同登记号　图字：01-2016-3760 号

定价：79.00 元
读者服务热线：**(010) 81055493**　印装质量热线：**(010) 81055316**
反盗版热线：**(010) 81055315**
广告经营许可证：京东市监广登字 20170147 号